从柠檬到柠檬汁

FROM LEMONS TO LEMONADE: SQUEEZE EVERY
LAST DROP OF SUCCESS OUT OF YOUR MISTAKES

迪安·A·谢泼德 (Dean A. Shepherd) 著

何云朝 译

中国人民大学出版社

· 北京 ·

这本书献给我的女儿

梅 格

希望她健康、茁壮地成长。

❈ 编辑手记

　　对成功的渴望从来没有像现在这样，对中国人如此有吸引力，渴望出名、渴望致富、渴望过上幸福的生活。然而残酷的现实总是要给我们设置一些障碍，时不时地会给我们的热情泼冷水。竞争的加剧又让成功变得更遥不可及，对现实的无奈、对未来的担忧，让现实中的许多人茫然不知所措。

　　虽然中国很多古老的成语和寓言经常告诫我们："失败是成功之母"，"塞翁失马，焉知非福"等等，中国并不缺少辩证地看待成功与失败的理论，这些就连小学生都知道。然而，为什么失败是成功之母？失败会给我们自己造成哪些影响？失败是我们自己造成的吗？失败之后我们要如何看待自己？哪些因素导致我们失败？如何从失败中总结经验、吸取教训？等等，这些问题我们却并没有弄清楚，所以这些问题才会一直困扰我们，虽然经历了很多失败，虽然经历了无数次挣扎，却一直无法摆脱这一宿命，成功依旧如同水中月、镜中花。

　　这本由迪安·谢泼德教授撰写的《从柠檬到柠檬汁》一书描写的正是在失败这种情况下，个人如何进行自我修复、自我认知、自我提高、自我管理，实现自我的一本"心灵鸡汤"。作者通过深入分析失败带给个人的影响，特别是失败给人的情绪造成的影响，从而分析这些情绪中哪些会阻碍我们

认识失败、从失败中总结教训，哪些情绪会帮助我们克服失败带来的不利影响，客观地总结经验教训，从而达到成功。

谢泼德教授通过大量的实例向我们展示，其实失败并不可怕，失败带来的负面的、消极的情绪反应也都是正常的。从本书的第一章开始，直到最后第七章，作者列举了大量的真实案例，这些人，不管是知名公司的高管，如谷歌公司的创始人之一拉里·佩奇，还是快餐店老板，亦或是普通的打工仔，在面临失败甚至预料到失败不可避免时，首先要面临的问题就是这种消极情绪。这种消极情绪对读者来说也并不陌生，比如，悲痛、忧虑、抑郁、绝望、冷漠、消沉，等等。失败的确给人带来的是痛苦，它一视同仁地对待所有的人。因此，作者认为，失败不是世界的末日，人们不应该过分悲观。人们不应过多关注失败本身，而是要关注如何处理失败带来的消极情绪，从而不断提高自己。

现实中，没有人愿意失败，也很少有人能够直截了当地承认失败。然而，生活中所遇之事十有七八不尽如人意，与其改造世界，还不如改造自己。正如温斯顿·丘吉尔所说的：胜利不是结束，失败也不是死亡。最重要的是要有继续下去的勇气。

本书文字朴实无华，读来亲切，内容安排前后有序，逻辑推理脉络清楚，道理表述深入浅出，使人有感同身受、相见恨晚之感。对那些有志于提高自我素质，有感于加强自我管理，有意于完善自我修养的读者来说，这本书值得一睹为快。

❋ 致 谢

首先，我要感谢我的父母，是他们给了我创作这本书的灵感。他们经营的家族企业破产了，但他们在失败面前表现出的勇气、尊严和决心让他们最终克服了困难。其次，要感谢我的弟弟布伦特和妹妹凯瑞。他们继承了我父母的优秀品质，这本书的创作也受到了他们的启发。再次，要感谢我的妻子苏西跟我的孩子杰克和梅格。我观察了他们学习调整情绪的过程，同时他们也直言不讳地指出了我的不足。最后，我要感谢我的朋友约翰·威克伦德教授、麦克·海尼教授、梅丽莎·卡登教授、杰夫·科温教授以及唐·库拉特科教授。他们的意见和建议对我想法的形成起到了重要作用，也启发我写了不少论文。此外，珍妮弗·西蒙和史蒂夫·柯布林对这本书一直很热心，拉斯·霍尔和阿曼达·莫兰也给予了我很大的帮助，在此一并表示感谢。

❀ 目 录

成功其实没什么秘诀可言，只是充分的准备、勤奋的工作以及不断从失败中吸取教训的结果。

——科林·鲍威尔

　　如果一个人总能记得他所经历的苦难，那么多年以后，那些痛苦的回忆也会变成一种快乐。

——荷马

第一章　控制情绪，直面失败

> 一般人一定会遇到困难、挫折及彻底的失败。

我曾经有过一段痛苦的失败经历，从那段经历中我学到了很多东西，我希望把我的体会和领悟与读者分享。一般人一定会遇到困难、挫折及彻底的失败。面对困难与失败，有些人痛苦不堪，有些人精神崩溃。我期望本书不仅可以帮助读者更好地面对困难、应对困境，更能让读者从失败的经历中吸取教训，从而受益终身。我亲身尝试过将失败的经历看作迈向成功的可喜一步，所以我清楚地知道这个过程很难。

我经常对管理学专业的学生们说，面对失败不要气馁，因为我们从失败中学到的东西比从成功中学到的东西多得多，我甚至还说失败能够锤炼一个人的学识与智慧。大约12年前，我终于有机会亲身体验一下我自己说过的话是否正确。一天，父亲打来电话，说他辛辛苦苦创办了二十多年的家族企业遇到了前所未有的困难，濒临破产。当我弄清楚企业所面临的具体问题之后，我告诉父亲通知所有债权人，然后立即关闭公司。公司倒闭了，由于公司董事已向债权人担保了债权，所以父亲赔光了所有个人财产。

父亲出现了严重的焦虑情绪，他经常发呆，不相信自己亲手创办、辛辛苦苦经营多年的公司一下子就没了，他开始痛恨经济，开始讨厌竞争者和债权人。除了气恼之外，父亲还觉得很惭愧，总是责备自己。他觉得是他的失误导致了公司的倒闭，一想到不能把公司传给我弟弟，他就很内疚，觉得自己做商人很失败，做父亲更失败。他悲痛、忧虑、抑郁，进而绝望、冷漠、消沉。他的情绪给家人带来了不小的压力和忧虑。

由于父亲的企业对他来说非常重要，所以他发现他很难从失败的痛苦中挣扎出来。公司的失败与父亲的性格特征有很大关系，甚至可以说，公司的倒闭是父亲感情用事的结果。很长时间之后，父亲才从失败中回过神来，并最终总结了失败的经验。如果没有这次失败，他也不会有这次走向成熟的经历。但是，不是所有人都能从失败的阴影中走出来，也不是所有人都能从失败中成长起来。

也许是从我父亲身上，也许是从那些不会从失败中吸取教训的人身上，我意识到了一个问题：总结失败的经验是自动的本能反应这种说法很武断。总结失败的经

> 总结失败的经验并不会在失败之后立刻发生，而是需要一段时间。

验并不会在失败之后立刻发生，而是需要一段时间。并且，总结失败的经验也不是自动发生的，而是需要一个过程，这个过程可以控制，以达到最佳的效果。失败会深深触动我们的神经，会给我们带来许多问题。如果我们能够解决这些问题，那么失败对于我们来说就是成长的机会。

我们知道，失败会带来负面的、消极的情绪反应，因此总结失败的经验需要一段时间，因为首先要调整情绪。调整情绪是需要学习的一个过程，它是一种具有强大力量的技能，可以让你终身受益。

那么，如何调整面对失败时的情绪呢？其实，调整情绪的方式有很多种，能够达到最佳反省效果的那种方式最适合你。就拿朱迪和安德鲁的故事来举例说明吧。朱迪一直想进入一家知名的广告公司工作。为了实现这个目标，她做好了前期的准备，她最近拿到了工商管理硕士（市场营销方向）学位，还在纽约一家不错的广告公司谋到了一个职位。这家公司的人事考核政策是"非升即走"——要么升职、要么走人。公司招来大批"基层"业务员，给他们下达很高的考核指标，只有那些最优秀、最聪明的业务员能够留在公司，获得升职。朱迪如果能在三年内拉来六个大客户，就能升职。

进入公司后，朱迪主要的工作是打电话。经过了漫长的几个星期，朱迪终于有机会与一位潜在客户见面了。她花了三周时间为这家客户的全新、革命性产品制定了一份营销计划，为了这份计划，朱迪倾注了全部的时间和精力。她根据以前读研时制定、执行营销计划的经验以及前两年暑期实习时的经验，认认真真地按照"课本"教授的步骤为客户准备了一个方案。但最后，她的方案失败了，客户没有采用。客户说从她做的东西可以看出，她对公司以及公司的产品不太了解，方案的主题比较模糊，至少是不够鲜明。朱迪的老板非常生气，因为他的主要竞争对手抢走了这个客户。

朱迪垮掉了。那三个星期她几乎废寝忘食，倾其所学搞出那么一套方案来，结果却被拒了。她觉得很没面子，很沮丧。想到客户对她方案的评价时，她觉得客户没有看到她方案中的那些亮点，所以十分气愤，她又想起当时连她的老板也不帮着她说话，又对老板感到失望。

一个月之后，朱迪的朋友安德鲁的一份方案也被客户拒绝了。尽管他知道公司能够抓到大客户的方案仅为五分之一，但他还是很失落。

又过了几个星期，朱迪重新看了一遍客户和老板给她的评价。很快，她又有了一次机会，这次她改变

了策略，避免了上一个方案中主题不明确的错误。朱迪遵循老板的建议，着重准备陈述的过程，抓住三个要点，留出充足的时间来解答客户的疑问。她已经准备好如何突出展示客户产品的独特卖点，如何给该产品定位，使其既有别于客户的其他产品，更有别于竞争对手的同类产品，同时还要符合该企业在市场表现中的一贯风格。最终，朱迪赢得了这个客户。她不断地从错误中吸取教训，到第一年年底时，她一共搞定了四个客户。

相反，朱迪的朋友安德鲁将自己的方案被拒归咎于客户没有眼光，并不理会老板和客户给他的评价。他给下一个客户制作的方案仍然沿用原来那套东西，但那些东西在学校适用，在实战中却没有用，结果客户又没有接受他的方案。安德鲁总是不能认真地研究客户拒绝他方案的理由，他越来越失落、越来越沮丧。最后得出结论，他想当广告策划的梦想超出了他的能力范围，于是他辞了职，回到自家的企业里工作去了。

客户拒绝朱迪和安德鲁的方案时，两人在情绪上都有消极反应。朱迪能够调整情绪、深刻反思，在之后的方案中吸取教训，向成功一步步迈进。而安德鲁没有反省，在同样的问题上接连犯错，所以停滞不前。安德鲁也知道"失败是成功之母"，但他没有总结失败的经验教训。

我们可以看到，工作中遇到失败后，可能出现以下三种情况：

- 由于情绪十分低落而决定放弃，从此不再尝试。
- 遭遇失败后，不反省自己，而是挑别人的毛病。由于没有弄清楚上一次失败的原因，所以很可能还会犯相同的错误。
- 面对失败的残酷现实，懂得要调整自己的情绪，设法减轻挫折感、缩短消极情绪的持续时间，以便用清醒的头脑分析失败的原因。

本书中，我要在战略上和战术上帮助读者避免前两种情况的发生，用第三种情况中的态度去应对失败。

总结失败的经验虽然难，但是值得

工作中的项目对我们来说一般都很重要，一旦项目出问题或者没做成，我们会很难过。尽管消极情绪有一定的励志作用，但由于这种情绪会影响反思、学习及适应的过程，因此会严重影响工作表现。实验证明，消极情绪会干扰人在处理信息时的注意力，降低人反思错误、总结经验的能力。

人的大脑在处理信息的时候，如果心情不好，则大脑受到的影响会多一些，如果心情很好或者至少不好不坏，则大脑受到的影响就小一些。大脑受到影响的意思是，本来我们正在回忆事情发生的经过，正在试图分析事情发生的原因，但由于情绪失控，注意力转移到了不良后果或损失上，于是大脑的回忆及分析过程中断。例如，遭遇失败后，萦绕在我们脑海中的经常是自己在得知失败消息那一刻的情绪反应，我们的脑子里不断浮现出公司关门那一天的情景，一遍遍地回想老板向员工、客户或供应商宣布公司破产时的场面，回想当时每个人糟糕的心情，回想把办公室的钥匙交给清算机构时以及最后一次走出公司的情形。

尽管这些情景历历在目，但也不应该让这些情景一遍又一遍地在自己脑子里反复上演，因为这样的话我们就无法把精力分配到信息处理上，无法从失败中学习经验。我们给导致项目失败的个人表现分配的注意力太少，造成自己处理信息的能力下降。人的精力本来就有限，处理信息的能力也有限，情绪反应分割去一部分之后，剩下的精力和能力肯定就不够了。因此，我们必须调整情绪，迅速从失败的痛苦中醒悟过来，以强化我们的学习能力。也就是

我们必须调整情绪，迅速从失败的痛苦中醒悟过来，以强化我们的学习能力。

说，我们可以通过调整情绪来尽快消除干扰我们学习能
力的障碍。

我们不仅要找出失败的原因，还要发现我们身上的
一些性格弱点，以防微杜渐、完善人格。

成功是一个没用的老师，他总是让那些有点小聪明的人以为他们永远不会失败。

——比尔·盖茨

　　悲痛不代表遗忘……只是暂时地放下。枕木始终保持着一致的姿态，它们身上一些永恒的、有价值的东西渐渐从尘土中恢复过来，同时它们也吸取了土壤中的一部分精华，结果当然是收获。上帝保佑那些痛苦的枕木，因为它们必须变得坚强。这个过程跟人类分娩的过程一样，痛、漫长，而且危险。

——玛格丽·阿林厄姆，《烟中之虎》，1956 年

第二章　总结经验，吸取教训

一个人对一项工作、一件东西、一个人或一种行为倾注的情感越多，在他失去这件东西的时候，他的消极情绪就越明显。沉浸在悲伤之中是一件痛苦、漫长而危险的事。在本章中，你将学习调整失败情绪的战略方法，这样，悲伤的过程就不会那么痛苦，也不会那么漫长了。悲痛不代表遗忘，只是暂时地放下。本章讲述的个人战略可以帮助读者解开心结，促使读者仔细分析失败的原因。其实，悲伤的过程最终也会有收获，它可以让你变得坚强，让你在失败中逐渐成长。

> 悲痛不代表遗忘，只是暂时地放下。

不是所有的失败都会让我们伤心，因为失败也分大小。如果我们丢掉了一个需要很大力气才能搞定，而且未必很有潜力的客户，我们的情绪也会有很强烈的负面反应吗？哪次失败的分量重，哪次分量轻，我们心里都很清楚。在学习控制情绪的战略方法之前，我们必须先搞清楚为什么面对一些失败我们会很伤心，面对其他失败就无关痛痒。此外，失败后为什么会伤心？经过思考，我们可以得出这样一个结论：并不是弱者才会出现消极的情绪反应，实际上只有强者才会有强烈的情绪反应。这里所说的强者是指那些有勇气将自己的情感投入到某件事情上的人，他们遇到失败时很可能会出现强烈的反应。

项目成功与否取决于我们的投入力度。项目的最初阶段只是一个想法，如果我们将自己的激情倾注到项目中，我们的思维会更加活跃。但是，不管多么有想象力的计划都会遇到各种各样的困难，所以必须不惜花费时间和精力去克服困难。如果你对某个项目没有尽心尽力，那么这个项目很可能不会成功。

项目失败，我们为什么会难过？

本书中，我用"项目"一词指代任务、关系、活动、投资、业务等工作。项目失败，就是项目终止、取消、不再存在的意思。当为项目运作提供主要资源的人发现项目的进展情况实在无法接受时，他们就会终止该项目的运作。此时，项目即告失败。终止项目运作的人可以是不直接参与项目运作的人，也可以是积极参与项目运

作的人。如果项目很重要，终止项目会产生消极的情绪反应。项目越重要，反应越强烈。反应越强烈，本书所讲的战略和战术就越重要。这些战略方法可以帮助读者从失败中振作起来，积极总结失败的经验和教训，让自己成熟起来。

为什么有些项目比其他项目重要？

作为人类，都有得到满足感的心理需求，都愿意承担那些能让我们得到满足感的项目。有些项目可以给我们带来强烈的满足感，有些项目给我们带来的满足感就没那么强烈。项目越能满足我们的需求，我们就越高兴。因此，越能满足我们心理需求的项目，对我们来说就越重要。重要性无法用一个客观的标准来衡量，这是一种相当主观的感受。也许，对一个人来说很重要的项目，对另一个人来说就不重要。当我们失去重要的东西时，我们当然会很难过。

图2—1告诉我们，为什么面对不同的失败，我们会有不同程度的反应。如果一个项目比另一个项目（替代任务）更能满足我们的需求，那么一旦这个项目失败，我们的反应就会很强烈。项目失败后，我们丧失的满足感越多，我们就越伤心。在说明如何控制情绪、如何减轻伤痛感、如何总结经验之前，我还要深入研究一下项

目是怎样满足我们的需求的，不同的
项目怎样产生不同的情绪反应。我们
希望从项目中获得证明自己能力、行
使自主权及维护关系三方面的心理
需求。

> 我们希望从项目中获得证
> 明自己能力、行使自主权
> 及维护关系三方面的心理
> 需求。

从最近失败的项目中获得

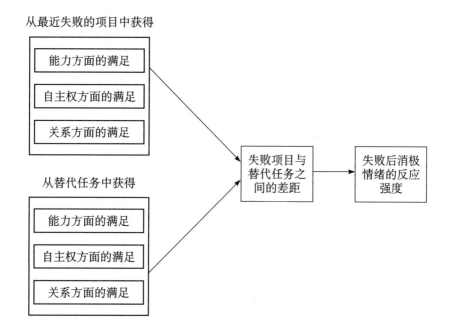

图 2—1　项目失败，我们为什么会难过?

　　你现在参与的项目对你来说有多重要？或者，刚刚
失败的那个项目对你来说有多重要？完成表 2—1 中的调
查问卷，然后把能力部分的分数相加，将结果填在图 2—
2 中第一栏上的相应位置，再完成自主权和关系部分的问
题。如果你的分数在柱状图的白色区域内，你在这方面

的得分属于高级。如果在浅灰色区域，则属于中级。如果在深灰色区域，则属于低级。高级分数（白色区域）表明该项目对你来说很重要。项目越重要，你对项目的投入也就越多，项目成功的可能性自然也越大。但如果项目失败，你的消极情绪也会很严重。项目越重要，从项目中学习的机会就越多，项目失败时需要克服的情感障碍也越大。中级分数（浅灰色区域）表明该项目对你来说一般重要。如果项目失败，你的情绪受到的影响不大。低级分数（深灰色区域）表明该项目不太重要。项目失败时，你的心情基本不会受到影响，只要拿出一点时间就能静下心来总结经验，不需要克服情绪上的障碍。

表 2—1 **项目的重要性**

以下是有关你与该项目的关系的陈述，勾出你在多大程度上同意以下陈述，然后计算分数。

根本不同意				完全同意
1	2	3	4	5
能力				
我觉得我对项目的进展做出了实质性的贡献。				1 2 3 4 5
我觉得项目的实施非常顺利。				1 2 3 4 5
我认为这个项目是我擅长的类型。				1 2 3 4 5
我相信我能处理好我在这个项目中的位置。				1 2 3 4 5
自主权（控制权）				
这个项目非常符合我的期望，我特别想做这样一个项目。				1 2 3 4 5
我清楚地感觉到这个项目所要求的工作方式跟我最喜欢的那种工作方式完全一样。				1 2 3 4 5

续前表

根本不同意				完全同意
1	2	3	4	5
我认为项目的实施方式鲜明地展示了我的处事风格。				1　2　3　4　5
我觉得我完全有机会对如何开展项目做出自己的选择。				1　2　3　4　5
关系				
跟项目团队的其他成员共事，我觉得很舒服。				1　2　3　4　5
我感觉我能够跟项目团队成员进行友好的沟通。				1　2　3　4　5
我认为我可以公开、坦诚地跟项目团队成员交流。				1　2　3　4　5
与项目团队成员相处，我感觉很轻松。				1　2　3　4　5

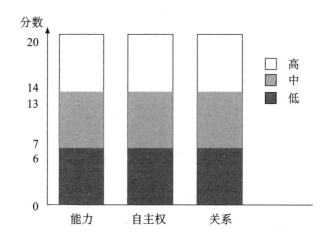

图2—2　项目重要性分数表

有些项目能够证明自己的能力

如果表2—1中能力调查部分的分数较高（在图2—2

中处于白色区域的 14～20 分），则该项目能够满足证明自己能力的心理需求。如果分数中等（浅灰色区域的 7～13 分），则该项目或多或少能够满足你在能力方面的心理需求。如果分数较低（深灰色区域的 0～6 分），则该项目恐怕不会给你带来心理上的满足感。

当你运作一个项目的时候，别人会对你的能力、见识、经验等方面做出评价。如果评价很高，说明你的表现非常突出，这时你的证明自己能力的心理需求就会得到充分的满足。如果评价很积极，说明你在能力、见识、判断等方面有进步，这时你的心理需求也会得到满足。

> 如果评价很高，说明你的表现非常突出，这时你对证明自己能力的心理需求就会得到充分的满足。

麦克是一名研发人员，他喜欢跟查克和乔伊一起工作，因为他们非常赞赏麦克注重细节、一丝不苟的工作作风，所以麦克感觉很好。但是在大的研发项目上，麦克喜欢和丹尼斯、拉里一起工作，因为他们经常批评他对想法的初步验证过于细致，效率太低，影响进度。他们的负面评价指出了麦克在研发工作中的缺点，麦克也觉得很好，因为他们的批评可以督促他加快研究进度、提高综合能力。

能证明自己能力的项目有许多种形式。有些项目操作性很强，团队成员只要按部就班地完成每一项任务，就能完成整个项目，从而得到积极的评价。这种类型的项目会让你觉得自己有能力完成各项任务，建立对完成今后项目的信心。这种自信非常重要，因为那些相信自己能够完成项目的人比那些没有足够信心的人更有可能成功地完成项目，即使他们的文化程度、技术水平、综合能力、经验等都不相上下。

大多数项目都是由一个团队完成的，有的团队注重能力建设，在这样的团队中工作，你证明自己能力的心理需求很容易得到满足。在项目运作的过程中，项目团队成员之间以及该团队跟公司其他团队之间都会产生竞争，竞争必然有个结果，有了结果，自然就有了对团队成员的评价。如果评价很高，则证明你的能力很强；如果是鼓励性的评价，则证明你有进步。两种评价结果都可以满足团队成员证明自己能力的心理需求。例如，两个团队都在开发一个视频游戏，游戏的要求是尽量让玩家感觉自己好像正踩在滑板上冲浪一样。玩家试玩后，认为第一个团队开发的游戏在各方面都比第二个团队强。第一个团队的成员证明了他们的能力，心理需求得到了满足。第二个团队得到了如何增加游戏真实感、如何避免画面不自然的意见和建议，他们锻炼了队伍，明确了改进方向，所以对这样的竞争和评价也很满意。此外，团队还可以培养完成项目的集体信心，集体信心与个人自信的效果一样，都可以帮助团队成员满足证明自己有能力的心理需求。

但如果项目失败，团队成员就会受到批评，他们在

知识、技术、经验等方面可能不会得到进步，所以自然没有满足感。项目失败后，公司一般会解散团队，然后将成员重新分配到不同的团队中。重组的团队可能不太鼓励公平竞争，集体自信心不强，这样的团队在今后的工作中很可能面临失败的结局。团队成员不能证明自己的能力，便会产生消极情绪。受挫越严重，消极情绪越强烈。

有些项目可以让我们体会到掌控自主权的快感

如果表2—1中自主权调查部分的分数较高（在图2—2中处于白色区域的14～20分），则该项目能够满足你拥有自主权（控制权）的心理需求。如果分数中等（浅灰色区域的7～13分），则该项目可以在一定程度上满足你的这种需求。如果分数较低（深灰色区域的0～6分），这个项目恐怕难以满足你这方面的需求。

在项目实施的过程中，如果我们可以自行决定何时何地、以何种方式执行项目任务，那么这个项目就会满足我们的控制欲。相反，如果项目活动、任务、时间、资源等都由别人来控制，或者受到客观条件的制约，我们就会感到不快。大家都希望自己能够完全控制项目的运作。

管理体制不太严格、组织结构较为松散的企业一般会允许从事项目运作的一线员工充分发挥自主权，他们把权力下放给项目团队。项目团队拿到这个"令箭"后会格外兴奋，他们会投入更多的时间和精力。自主权会充分发挥团队成员的主观能动性，激发团队的创造力，鼓舞团队的士气，增强团队的凝聚力。这些都是项目成功的关键因素。自主权对我们的身心健康也大有益处。完全的自主权可以减小压力，让我们享受一切尽在掌控的快感。

> 完全的自主权可以减小压力，让我们享受一切尽在掌控的快感。

如果给了你自主权，但项目没有做成，然后把你调到一个新的项目组，同时收回部分或全部权力，此时你的心情一定会跌倒谷底。项目失败会让你失去一些重要的东西，你被剥夺的权力越多，你就越难过。

有些项目给予我们归属感

如果表 2—1 中关系调查部分的分数较高（在图 2—2 中处于白色区域的 14～20 分），则该项目能够让你体会到强烈的归属感。如果分数中等（浅灰色区域的 7～13 分），则该项目可以在一定程度上满足你这方面的心理需求。如果分数较低（深灰色区域的 0～6 分），则无法满足。

> 当你觉得你是这个团队中的一员时，你会觉得很踏实。

项目像一个纽带一样，将你和团队成员联结在一起，让你觉得你属于这个集体，你不是一个人在战斗。当你觉得你是这个团队中的一员时，你会觉得很踏实。项目的所有成员都在同一条船上，同生死，共患难。团队各成员的技能具有互补性，需要经常沟通才能保持较高的协作水平，才能充分发挥每个人的特长。与其他人共同实施项目时，你会感觉到你与同事的关系十分紧密。这种紧密的联系可以让你感觉到自己的重要性，感觉到自己属于这个集体，在这个集体中占有一个位置。实际上，项目有时会形成阵营，你会觉得跟自己一起做项目的同事是"自己人"。

当我们感觉到自己与同事的关系很密切、感觉到自己属于这个团队的时候，我们关于社会归属感的心理需求就会得到满足。如果一个能给我们带来归属感的项目失败了，我们会很失落，很苦闷，甚至觉得孤独，这种情绪有损我们的身心健康。

如何总结失败的教训？

不管是开发新产品、新工艺的项目，还是开办新业务、新公司的项目，这些项目对我们来说都很重要，一旦失败，我们会很失望。前面一章已经说过，在项目失败后的一段时间内，人往往比较难过，甚至很痛苦，这种情绪是阻碍我们总结失败经验的主要障碍。如果我们不及时反省，就没有机会迅速成长，而且还可能在较短的时间内再犯同样的错误。

下面，我们以查理·格茨的案例来说明遇到失败后应当如何总结失败的经验教训。查理以前是 Citicorp 公司的高级主管，后来辞职另立门户，先后开了九家食品店，其中三家已经关门了，剩下六家还在经营。查理回想起第一次开店的经历时说：

> 我第一次开店以失败告终。当时我太年轻，才 26 岁，一心想着发财。我看到几乎所有卖炸薯条和苏打水的法式快餐店都能挣钱，所以我想，如果在一个没有法式快餐店的大商场里卖物美价廉的炸薯条和苏打水，一定能赚钱。于是我找到一家刚开业的大型购物商场，在美食街里一下子租了三个摊位，专门卖法式炸薯条和苏打水。我以为我的想法肯定没问题，但我还是忽略了一些东西。开始时，生意还不错，但渐渐地我发现我雇来的伙计做事不太积极，我以为他们的想法跟我一样，只要快餐店能赚钱，他们就能赚钱。其实不然，我总得盯着他们，我把自己的想法告诉他们，鼓励他们积极工作，但没什么效果。但不管怎么样，当时的生意还是挺火

的，收入越来越多，我有点管不过来了。于是有些小事我干脆就不管了，只管一些重要的事情。

那是我第一次做生意，结果倾家荡产，身上只剩下200多块钱。我当时特别消沉，谁也不愿意见，在家里呆了一个月，整天胡思乱想。前半个月，我在想到底发生了什么事情，为什么一下子全完了，假设时间可以倒流，我应该怎样做才能避免这样的结局。后半个月，我在想我现在应该做什么，在这种情况下我怎样才能东山再起。只有回到过去、分析历史，才能从失败的经验中悟出道理。希望你能想想，为什么我的生意失败了。

查理首先分析他生意失败的原因，然后采取必要措施来避免并发压力（比如失去经济来源产生的生活压力），最后从失败的阴影中走了出来。当他的生活回到正轨后，就可以将自己的思路重新拉回到过去，更加客观地总结生意失败的原因。查理认为总结失败的经验教训非常重要。他说："从失败中学到的东西肯定比成功多，这一点是毫无疑问的。我一共开了九家店，黄了三家，这个比例还不算差噢。但是那三家倒闭的店铺教给了我很多东西，让我悟出了许多道理。但我并不希望剩下的六家店也倒闭，好让我学到更多的东西，我可没有这个意思，当然我还是希望我的生意越来越好。不过如果没有失败的经历，确实不会有长进。"

对于查理来说，总结失败的经验并不是他遇到失败后条件反射式的反应，而是经历了一段痛苦、反思、恢复的心理过程。控制情绪有三种战略。第一是反思，要仔细回想失败的经过，分析失败的原因，理清思路，减少痛苦。第二是恢复，要将注意力从失败转移到如何避免并发压力上，以振作精神，重建自我。这两个战略对于我们控制情绪、总结失败经验、从失败中成长各有优势和劣势。第三种方法是合理、平衡地轮番运用前两个战略。面对失败，你可以先采用第一种方法，然后采用第二种，之后再采用第一种，如此反复，直到你知道错在哪里，并且完全恢复过来。这样可以充分发挥前两个战略的优势，避免其劣势对你造成伤害。

情感管理战略之反思

遇到失败后，你必须先把注意力集中到失败的经过上，想一想到底为什么会出现这样的结局。在脑海中重现失败经过的时候，我们也许会发现导致失败的更多因素和更多信息。分析这些因素、处理这些信息时，我们可以学到新的东西，可以调整看待项目失败的角度，改变下一个项目的运作方式，避免今后出现同样的失误。但反思并不是一件容易的事，需要较高的智商与情商。

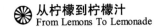
在反思的过程中，我们把注意力放在失败的经过上，思考如果我们当时不那么做，而是采取其他方式或方法，分别会有怎样的结果。我们可能还会给引起失败的原因排序，找出哪些是主要原因，哪些是次要原因。我们会想当时我们为什么会这么做，为什么没有那样做，哪些外部条件发生了变化而我们忽略了这些变化，哪些外部条件我们本以为会发生变化而事实上却没有变化。

在反思的过程中，与家人、朋友和同事交谈会很有帮助。

在反思的过程中，与家人、朋友和同事交谈会很有帮助。我们可以把失败的经过讲给他们听，然后陈述自己的分析结果。我们最信赖的人也许会帮我们抓住重要信息，去除不太可靠的假设，并补充我们遗漏的要点。通过讨论，我们获得了更多的信息，从而可以获得更加合理的解释。当我们把所有导致失败的理由罗列出来，并逐个加以排除、分析的时候，我们对失败的经过就会有更加清醒的认识。这种认识会让我们重新审视自己，以不同的角度看待项目的得失，甚至以全新的眼光打量这个世界。当我们明白项目究竟为什么会失败的时候，我们会有如释重负的感觉，不再对项目的失败感到疑惑。

例如，唐·杰克逊负责一个为当地贫困人口提供食品的慈善项目，他的主要任务是拉来一个有实力的捐赠人。但是唐失败了，他不仅没能拉来大赞助商，还丢掉了一个小捐赠人，结果这个扶贫项目只好取消，导致更多的贫困人口处于饥饿状态。唐痛心疾首，于是他痛定思痛，开始总结项目失败的原因。他认为，首先，他的方案流露出了对富人的敌对情绪，言辞过于激烈；其次，他没有尽早开始筹款；最后，股票大跌，导致有钱人捐款的热情降低。找出这些原因后，唐感到了一丝欣慰。起码他现在知道下次再遇到类似的项目时应该怎么做了。第一，与潜在捐赠人沟通时，语气要平和，让对方感觉到双方是在合作。第二，尽早开始筹款。第三，当大的经济环境好的时候，设法先得到捐赠人的捐款承诺。如果经济不景气，自己肯定也无能为力，只好碰运气了。想到这里，唐宽慰了许多，不再愁眉苦脸、唉声叹气的了。他开始振作精神，准备迎接下一个项目的挑战。

但是，运用反思战略来控制情绪的时候可能会给我们造成一定的心理伤害。反思需要我们正视失败的现实，将注意力集中到项目失败的经过上去分析失败的原因，这样做可能会放大我们的消极情绪，可能会让我们更加自责。譬如，唐的项目遭遇失败时，他最先想到的是一个个骨瘦如柴的孩子吃不上饭时的绝望目光，想到他们由于营养不良而可能感染疾病后的惨状，想到那些孩子的父母因为没有能力给孩子提供最基本的生存保障时的复杂心情。换句话说，当我们分析失败原因的时候，很容易先想到失败的后果。比如，当回想当时项目团队都

做了什么的时候，很容易想到团队成员之间的关系当时是多么融洽，团队解散后大家的心情是多么难过。想到这些，我们一定会更加酸楚、更加惭愧。这些想法可能会使我们陷入深深的自责之中，无法自拔，给我们的反思造成了巨大的障碍。项目失败后，如果我们总想着自己听到项目失败的消息时心情是多么糟糕，现在又是多么痛苦，其他同事又是多么难过，那么我们寻找、分析失败原因的能力就会大打折扣，我们从失败中得到锻炼的机会也就越来越小。

反思战略有积极的作用，但也存在消极影响。积极作用包括：

■ 帮助我们集中注意力，认真分析失败的原因。

■ 鼓励我们将失败的经历告诉别人，以便别人帮助我们判断失败的原因。

■ 当我们找出失败背后的原因后，就可以丢下包袱，抖擞精神。

■ 当我们从失败的阴影中走出来时，消极情绪随之消除。

反思战略的消极影响包括：

■ 当我们回忆失败经历的时候，可能会放大失败造成的后果而难以自拔。

- 回忆失败的经历会让我们在心灵上反复遭到伤害。
- 反思可能会加重我们的消极情绪（而不是缓解），影响我们收集信息、处理信息的能力。

情感管理战略之恢复

失败后，控制情绪的第二种方法是心理恢复。采取这种方法有两个好处，一是可以避免回想项目失败的经过，二是可以避免产生并发压力。首先，回避现实，我们可以停止回忆项目失败的情

> 采取这种方法有两个好处，一是可以避免回想项目失败的经过，二是可以避免产生并发压力。

形，压根就不去想这件事，我们就不会有明显的消极情绪。我们可以用分散注意力的方法来达到这个目的，可以全身心地投入到另一项工作中去，这样就无暇顾及失败的经历和后果，我们的情绪就不会十分低落。例如，我们可以一心扑在另一个项目上，或者自己的一件私事上，或者全程关注一场足球比赛，这样消极情绪就不会产生。

心理恢复的第二个好处是可以预防项目失败引起的并发压力。我们以比尔·里维斯的案例来说明。比尔先后开了八家店铺，前两家都倒闭了。他说店铺破产的损失给他带来了沉重的打击，他身无分文，无家可归。他

当时觉得天都塌下来了，他的财产、社会地位以及对自己能力的信心顿时灰飞烟灭。残酷的现实给他带来了很大的压力，比项目没有给他带来能力、自主权和关系方面的满足感严重得多。他开始绝望，觉得他这辈子都没有机会再翻身了。这种情况下，比尔不需要把精力集中到对失败的反思上，他需要转移注意力，然后采取措施、重建自我。

比尔生意上的失败一定会给他带来许多急需解决的问题。这时，比尔应该采取切实行动，积极应对眼前的状况，这样就可以缓解或者消除并发压力。比如，他可以赶快去找份工作，然后努力干活，与同事友好相处，争取得到领导和同事的认可。也就是说，我们要将注意力集中在如何解决项目失败所产生的问题上，不要一味关注项目失败本身这个事实。这其实是一种分散注意力的方式，这种方式可以降低项目失败所造成的负面影响。要避免受到并发压力的干扰，我们应将个人生活拉回正轨，毕竟，生活还要继续。消除产生并发压力的因素后，项目失败引发的主要压力就没那么大了。此时，再回想项目失败的经过，就不至于特别心痛，分析项目失败原因的心理活动也不会再受到消极情绪的干扰。

但是心理恢复的方法也存在一定的局限性。我们把注意力分散开之后，大脑就不会搜集引起项目失败的相关信息，也不会处理这些信息，这样就无法及时总结失败的教训，这就意味着我们很可能会在同一个地方跌倒两次。需要注意的是，使用心理恢复方法不会持续很长时间，这么大的一件事情，我们总也不去想，也不太可能。如果情绪长期受到压制，势必会对我们的身心造成伤害，我们可能会出现上火症状，比如头疼或口腔溃疡。实际上，压抑已久的情绪迟早会爆发，那时我们会更加痛苦，痛苦持续的时间会更长，会给我们总结失败教训的活动带来更大的阻碍。

心理恢复战略既有优势，又有劣势。优势包括：

- 不去回想项目失败的经过，就不会产生强烈的消极情绪。
- 逃避现实可以让我们下意识地处理眼前急需解决的事务。
- 消除并发压力可以让我们继续正常生活，为新的项目做好准备。
- 并发压力消除后，项目失败产生的主要压力也会随之减小，从而减轻痛苦。

心理恢复战略的劣势包括：

- 转移注意力后，大脑就不会搜集、分析导致项目失败的相关信息，从失败中吸取经验的心理活动不会发生。

■ 如果将注意力转移到一个类似项目上，我们可能还会再犯同样的错误，可能还会再次面临失败的结局。

■ 很难长期压制消极情绪，长期的精神压抑会损害生理和心理健康。

■ 一旦被压抑的情感爆发出来，后果也许更加严重。

至此，我已经详细阐述了控制情绪的两种方式。两种方式各有利弊，如果在较长一段时间内只用一种方式控制情绪，身心必然受到影响。所以，最佳选择是前述两种方式的结合。

乔·班布里奇遇到失败后，会在不同的情况下采用不同的方式来调整情绪。乔原来在一家咨询公司工作，后来自己开公司。他开的这家公司要想做成生意，必须与另一家公司合作。但是有一天，他们的合作关系破裂了。乔描述了他当时的反应以及控制自己情绪的过程：

开始时，我们跟另一家公司建立了合作关系。但是几年之后，我就意识到我们之间的关系不会维持太久。当时我很担心，只能自己往里投钱来保持公司正常运转。我们的合作关系破裂之后，我惊奇地发现我非常焦急，以前我从来没有这么着急过。我一收到有关合作关系破裂的邮件，情绪就会发生明显的变化，脑子里似乎一片空白。有一次我刚收到一封邮件，电话响了，打电话的人跟我的生意一点关系都没有，但我却像跟客户说话一样，恭恭敬敬、客客气气地跟对方攀谈，好像他是救世主似的。我以前从来没有过这样的情况，我的脑子好像进水了一样。我无法集中精神来思考应该寻找什么样的合作伙伴才能保持长久的关系，一坐下来想这个问题，就有别的事情跳出来分散我的注意力。

这时我一般会走出办公室。虽然我也不知道走出办公室之后应该干什么，但我感觉让自己安静十分钟挺舒服的。后来我心烦的时候，我就试着做一些我能够控制住的事情。

休息一会儿很管用，有时候跟别人倾诉一下也很管用。我的妻子很贤惠，十分善解人意。我跟她说我的公司遇到了困难，我现在正在采取措施来克服这些困难。我感觉这样可以让我静下心来去思考今后应该如何寻找合作伙伴才能避免今天这样的结果。我还跟父亲说了公司的事，他帮我分析了我当前的处境，对我帮助不小。

可以看出，乔很清楚心理恢复战略的作用，休息一会儿，或者找些容易的事情来做，有助于提高他的反思效果。同时他也知道，向别人倾诉自己失败的经历可以帮助自己总结失败的教训。下面，我将说明如何合理地运用心理恢复战略和反思战略来更加有效地从失败中汲取经验。

情感管理战略之交替运用反思与恢复

交替战略，顾名思义，就是交替运用反思战略与心理恢复战略来控制情绪、总结教训。这样我们可以扬长避短，充分发挥各自的优势，避免单一战略给我们造成的伤害。通过综合、合理地运用两种战略，我们痛苦的程度会减小，痛苦持续的时间会缩短，而且最后还能学到新的东西。

以乔的案例来说明应如何运用平衡交替战略。我觉得乔在得知他跟合作伙伴的关系确已破裂时，可以首先进行反思，仔细考虑失去合作伙伴的前因后果，包括当时为什么选择这个合作伙伴，选择的具体标准是什么，合同上是怎么规定的，对方为什么跟我们合作，双方对合作初期的结果是否满意等。在思考这些问题的时候，我们的大脑会筛选出有用的信息，然后将这些信息理出头绪，把关系破裂的前因后果呈现出来。大脑整理出的信息越多，我们对失败的原因就越清楚。当我们对合作失败的原因有了深刻而全面的了解时，我们与这件事情之间的情感联系就不再像原来那样紧密了。在乔的案例中，他经过思考弄清了合作关系破裂的根本原因，也意识到了自己的所作所为是如何最终导致这样的结果的。当他有了这样的认识之后，他与这次失败的情感联系会立刻断开。

反思过程结束后，我们的注意力会集中到失败的后果和我们失落的情绪上。例如，乔考虑清楚那些问题之后，开始回想当他听说合作伙伴对他们之间的合作很不满意时他的心情是多么糟糕，想到他被合作伙伴抛弃时的失落心情，想到如果没有合作伙伴的支持，自己去开发客户会有多么艰难，想到自己愧对员工（和以前的同事），实在不忍心向大家宣布这个消息。这些负面的记忆和情绪会消耗我们的精力，降低我们处理信息、总结经验的能力。如果这些东西一直占据大脑，大脑就没有地方存储、处理有用的信息了，那样的话，我们总结失败经验的进度会很缓慢，我们的情绪也会越来越差。乔很难过，尽管他想了许多问题，但因为他只想着那些不好的后果，所以他的情绪状态不适于学习，他的那些心理活动只会让他更加伤心。

这时，大脑应停用反思战略，启用恢复战略。我们可以暂时忘掉失败的经历，把注意力转到别的事情上去，以便让其他事情占据我们的大脑。例如，乔可以暂不理会工作邮件，跟朋友痛痛快快地看一场橄榄球赛。他可以为自己喜欢的球队声嘶力竭地呐喊助威，可以为自己钟爱的球员大声尖叫，也可以对裁判破口大骂。或者，乔出去休息一会儿之后，回到办公室可以做一些其他工作，因为这时除了合作伙伴的事以外，其他工作可能都不太重要。然后回过头来面对合作伙伴的邮件时，也许就不会太紧张了。这种方法可以帮助乔消除并发压力、缓解情绪、放松精神，从而提高分析问题、解决问题的能力。在处理完由项目失败引发的各个问题之后，我们还要回到正常的工作和生活当中去。

当我们的精神放松下来之后，我们可以继续反思。如果并发压力已经消除，那么当我们再次面对失败时，心情就不会像先前那么沉重了。这时大脑可以搜集到更多的有用信息，呈现出一幅更加清晰的画面，我们的情绪再次得到缓解。例如，乔可以重新考虑合作伙伴的反应和措辞，并对下一个合作伙伴的有关计划进行调整。随着对生意场的理解逐渐加深，乔就不会再对上一个合作伙伴耿耿于怀了。

当思绪再次回到失败的后果并再次产生消极情绪时，反思战略的效果就会减小，我们会觉得精神非常疲惫。在这种情况下，应该再次启用心理恢复战略。乔可以处理其他事情或者跟朋友出去吃饭。通过交替运用两种战略，最终当我们回想失败经历时，消极情绪将完全消失，我们的一切行动都会回到正常的轨道。这种平衡战略可以在最大程度上减小我们的痛苦、缩短痛苦持续的时间，并提高学习效果。

图 2—3 描述了采用平衡战略的过程。某人负责的项目失败后，产生了消极情绪，这种情绪持续了一段时间，不仅给他造成了痛苦，还阻碍了他总结失败教训的心理活动。合理、平衡地交替运用反思战略和心理恢复战略可以提高他从失败中汲取经验的能力，帮助他快速成长。

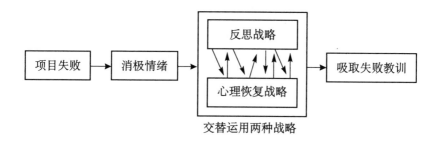

图 2—3　交替运用两种战略来控制情绪、总结教训

交替战略的优势包括反思战略和恢复战略的所有好处：

- 帮助我们集中注意力，认真分析失败的原因。
- 鼓励我们将失败的经历告诉别人，以便别人帮助我们判断失败的原因。

- 当我们找出失败背后的原因后，就可以丢下包袱，抖擞精神。
- 当我们从失败的阴影中走出来时，消极情绪随之消除。
- 不去回想项目失败的经过，就不会产生强烈的消极情绪。
- 逃避现实可以让我们下意识地处理眼前急需解决的事务。
- 消除并发压力可以让我们继续正常生活，为新的项目做好准备。
- 并发压力消除后，项目失败产生的主要压力也会随之减小，痛苦也会减轻。

结论

项目的重要程度有所不同。越能满足我们证明能力、行使自主权、维持良好关系的心理需求的项目，对我们来说就越重要。如果遭遇项目失败，那么越重要的项目给我们带来的打击越大。项目失败后，我们会在一段时间内处于痛苦之中，这种消极情绪会阻碍我们总结失败教训的心理活动。我们可以采用各种战略来减轻痛苦，缩短痛苦持续的时间，以从失败中学到更多的东西。

一种战略是反思，目的是弄清项目失败的原因。在反思的过程中，我们与项目之间的情感联系会被割断，这样我们在回想失败经过的时候就不会再产生消极情绪，可以专心致志地分析问题。但如果一直回想失败的经历会耗尽我们的精力，到最后头脑中可能充斥着项目失败的后果，这会增加我们的痛苦。

另一种战略是心理恢复，即分散注意力，避免消极情绪。面对失败，我们可以积极解决由项目失败导致的其他次要问题。如果可以消除并发压力，则项目失败本身也就没那么可怕了。但是心理恢复战略需要压抑情感，暂时压抑尚能接受，长期压抑可能导致精神崩溃。毕竟，逃避不是最终的办法，逃避现实无法让我们从失败中得到锻炼。

> 逃避现实无法让我们从失败中得到锻炼。

最好的办法是合理、平衡地交替运用反思战略与心理恢复战略。这样可以扬长避短、事半功倍。交替战略可以帮助我们减小痛苦、缩短消极情绪的持续时间，并提高我们总结失败经验和教训的能力。

最惊险的那一幕并不恐怖，关键是观众的心一直悬着，不知道最惊险的那一幕到底什么时候出现。

——艾尔弗雷德·希区柯克

　　胜利不是结束，失败也不是死亡。最重要的是要有继续下去的勇气。

——温斯顿·丘吉尔爵士

第三章 掌握时机，当断则断

　　由失败引起的消极情绪一般只有在失败事件确实发生的时候才会产生。前面一章已经说过，项目失败导致的低落情绪可能会持续较长时间，给寻找失败原因、着手解决问题造成的障碍。面对失败，可以交替采用反思战略和心理恢复战略来控制自己的情绪，以减轻痛苦，早日走出阴影。但是，当预感到失败的结局时，消极情绪也会产生。

　　在本章中，我将说明预料到项目失败时会产生怎样的情绪，在考虑究竟应该何时终止某个项目的过程中，应如何控制自己的情绪。终止一个项目涉及经济损失和个人成长，所以这个重要的决定很难做出。我们一般都能看出项目运作的情况是否理想，也能看出项目的最后结局会是什么样子。我们面对的问题不是这个项目是否会失败，而是什么时候失败。尽管已经估计到项目已经走到无法挽救的地步，但要切断供给项目运作的所有资源，然后做出终止项目的决定仍不是一件容易的事。由于在是否立即停止项目运作这个问题上犹豫再三，所以我们一直继续往里投入，这种花钱填无底洞的现象普遍存在。许多人虽然看到越来越多的迹象表明项目必然会失败，但还是抱有一线希望，不断追加投资。结局可想而知，一定是赔了夫人又折兵。杰夫·施瓦尔茨就是一个活生生的例子。

杰夫·施瓦尔茨正在得意地展示他们公司最畅销的产品。这是一个相框，里面的相片记录的是1980年冬奥会上美国冰球队击败苏联冰球队的场面。按一下相框底部的按钮，就能听到艾尔·迈克尔那段永载史册的演讲，演讲之后会播放《冰上奇迹》这部影片的音乐。

杰夫的公司在加州圣克莱门特的一个小镇里，紧靠海边，后面是茂密的树林。他的办公室有点简陋，甚至有点寒酸。办公室的墙上挂满了各种音乐相框，相片上大多是杰出运动员，有卢·格里格、波比·托马森、杰基·罗宾逊等。杰夫绕到办公桌的另一面，又拿起一个他钟爱的相框向我展示。但他按下按钮之后，没有声音。他恼火地说："肯定是电池没电了，这些东西已经摆在这里好长时间了。"

我们忽然意识到我们来这里的目的不是看杰夫介绍产品（尽管这些东西确实很吸引人），而是因为他的企业——伟大时刻纪念品公司——倒闭了。杰夫今年43岁，公司开办五年来，尽管他努力维持经营，但最终难免失败的结局。地上堆着许多空相框、小扬声器和拆卸下来的音乐编辑装置。杰夫的妻子桑迪在办公室外面正往卡车上搬东西。这种人去楼空的景象着实叫人难受。

但是真正触痛杰夫的并不是他决定关闭公司的那一刻，不是他亲手断送自己梦想的那一刻，而是在此之前他一直没有关闭公司的那段时间，因为正式倒闭之前的三年，他一直没有盈利，而且花光了自己仅有的10万元积蓄（他卖掉上一家经营状况还算不错的公司而得来的一笔钱）。桑迪辞掉了工作，放弃了社区活动，为了杰夫的公司默默地隐忍、奉献着。他们现在甚至连两个孩子的学费都交不上，因为杰夫早就挪用了他们上大学的学费。"我最大的损失还不是钱，而是五年的时间。"杰夫长叹了一口气，说："这五年，我本来可以很悠闲，打打高尔夫，看看电视，日子肯定比现在舒服，而且也比现在有钱。"

可是现在残酷的现实摆在眼前，说什么都没有用了。

我们通常认为毅力与决心是一个人的优秀品质。只要有决心，无论我们面对什么困难和挑战，都能坚持到最后胜利的时刻。但是对于那些注定失败的项目来说，毅力和决心意味着经济上的损失。有人说，贵在坚持。于是我们坚持在必然失败的项目上继续投入，结果付出了沉重的经济代价。由于我们继续投入时间、精力和资源，但这些投资无法给予我们足够的经济回报，所以我们必须为这种无谓的坚持付出代价。同时，由于我们将资源投入到一个注定失败的项目上，所以我们在其他项目上的投入势必会减少，或者我们没有时间寻找其他项目而耽误了我们的赚钱机会。看看杰夫·施瓦尔茨，由于他深信毅力和决心一定会把他带到成功的彼岸，所以他迟迟不肯收手，最终走到了倾家荡产的地步。

跟许多人一样，杰夫·施瓦尔茨受到了一些观念的影响。比如文斯·龙巴蒂教练在鼓励球员时经常说："胜利者永远不会放弃，因为一旦放弃就永远不会胜利。"再比如电影《阿波罗13号》里的经典台词："绝对不会把失败作为一个选择。"但是现实给他上了一课。杰夫说："勇往直前的精神固然可嘉，这样的士气确实是一种很强的动力。但事实是，'永不放弃'并非放之四海而皆准的真理。拿我自己来说吧，由于受到这种观念的影响，我们已经花掉了所有的积蓄……我的失败之处不在

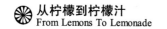
于当时冒险开了这家公司，而在于我眼看着它吸干了我们家所有的养分。"他停顿了一会儿，然后问道："你拥有不屈不挠的精神，它既是你的朋友，又是你的敌人。你知道它什么时候会变成你最大的敌人吗？"不要一味听信那些鼓舞人心的名言警句，失败理应是一个选择，而且有时候是一个明智的选择。

> 为什么在我们明知不及时收手就会遭受更大经济损失的情况下，还继续苟延残喘、迟迟不愿意做出终止项目的决定呢？

当断不断，反受其乱。如果不能及时做出终止项目的决定，必然要付出相应的代价。杰夫浪费了至少三年的光阴，赔了 10 万块钱，他的家人也为此做出了巨大的牺牲。可是，杰夫为什么不早点关闭公司呢？为什么在我们明知不及时收手就会遭受更大经济损失的情况下，还继续苟延残喘、迟迟不愿意做出终止项目的决定呢？为什么许多人跟杰夫一样，就是不愿意主动面对失败呢？延误的结果是，我们无法及时总结失败的经验，无法及时获得成长的机会。

查理·格茨的一番话也许能让我们理解为什么有些人在该放弃时却仍然坚持的想法和情绪：

　　我关闭的那三家店铺都是有原因、有征兆的。我已经看到有些事情不对劲了，所以我知道倒闭是迟早的事。开始时，我可以发现问题，然后积极解决问题。解决完这个问题之后，又发现另一个问题，然后又去解决。但是后来，问题越来越多，而且出现得越来越快。我清楚地意识到我要解决所有的问题是不太可能了，这样下去肯定不行，迟早会瘫痪。当我发现我已经开始赔钱的时候，我就觉得店铺的生意应该到此为止。

　　生意不好的时候，你是看得到的，你很清楚这一点。但是你对自己说，"再看看吧，也许还会有转机。把这个弄一下，再把那个弄一下，看看行不行。"一般情况下，如果运气好，生意怎么做都能火。但如果运气不好，你再怎么调整也无济于事。弄来弄去，把自己逼到了绝境。这时，翻盘的机会就很小了，失败几乎是注定的，除非你有中彩票那样的运气。但问题是，大多数人偏不信这个邪，痴心妄想地以为天无绝人之路。

　　我没有及时关掉店铺，因为我觉得我跟店铺有感情。

　　当店铺还存在的时候，它是个鲜活的生命。我不仅跟里面的伙计有感情，就连店铺里面的一桌一椅，我跟它们都是有感情的。我已经把自己所有的

激情注入到了里面，把所有的梦想和期望都寄托到
了这档生意上，所以我觉得我不能抛弃它。你也知
道，激情对企业家来说是至关重要的东西。我相信
我的激情一定会有回报，所以我很难开口说，"咱们
关门吧。"

我们究竟为什么会置基本的经济原则于不顾，而推
迟做出失败的选择，可能有以下三种原因：

- 由于受到传统观念的影响而做出了错误的决定。
- 因为消极情绪持续的时间不够长，造成的损失不
  够大，所以我们一直拖延。
- 如果一下子做出失败的选择，我们可能接受不了。
  拖延一下可以让我们做好充分的心理准备。

如果你固守传统观念，很可能会做出错误的决定。
所谓识时务者为俊杰，大丈夫相时而动。我们应该保持
清醒的头脑，认清当前的形势，以免陷入绝境、难以脱
身。同时我们也要承认，遭遇失败时，谁都会产生消极
情绪。我们应审时度势，在主动做出失败的决定之前，
充分考虑情感因素，以便失败后有能力总结失败的经验，
有动力迎接新的挑战。

我们延误时机是因为我们固执吗？

为什么有些决策者尽管已经看到项目的业绩不佳，但仍然坚持继续投入呢？通常的解释是他们认为"坚持就是胜利"，这种想法在管理学上称为"承诺升级"，意思是决策者不断追加投资，以证明前期的决策没有错误，结果却事与愿违。这是一种非理性的做法，跟去拉斯维加斯的赌场豪赌差不多。开始时输了，于是想赢回来，所以又往里扔了大量筹码，结果输个精光。决策者出现这种失误有许多原因。有时候，他们坚持追加投资是想向自己证明最初的决策是正确的。因为一旦决定终止项目，就相当于搬起石头砸自己的脚，否定之前追加投资的决定，甚至否定启动项目的决定。如果终止项目会否定之前所有决策的话，那么终止项目的决定就很难做出。当然，如果项目运作的过程中，出现了新的情况，这时再决定终止项目的话，并不等于否定之前的所有决策，但是人们经常会以偏概全，以为这时的否定就相当于否定之前的全部。

> 如果终止项目会否定之前所有决策的话，那么终止项目的决定就很难做出。

有时候，我们的固执只是想向别人证明自己之前的决策是正确的。商人对于生意，一般都很自负。一项对

2 994名创业者的调查显示，81％的创业者认为他们事业成功的可能性大于70％，三分之一的人相信他们的事业100％能够成功。（客观地看，成功可能性的预期应该是40％～70％。）自负的心态可能会夸大创业者对其他人——包括投资人、家人和朋友——所做的承诺，所以失败的结局等于给了自己一记响亮的耳光。如果可以拖延项目失败的时间，创业者就认为他们没有违背（至少暂时没有违背）之前对自己和他人所做的承诺。因此，一些人因为要向自己或别人证明之前的决策是正确的，而拖延结束项目的时间。

也许，杰夫·施瓦尔茨创业两年后，没有马上关闭公司，而是又等了三年才最终痛下决心关闭公司，是因为他觉得一旦关闭公司，就表明自己之前的所有决策都是错误的。关闭公司会全盘否定他的商业计划，表明他创业之前做市场调查时得出的对体育明星纪念品有"巨大潜在需求"的结论是错误的，表明他当初决定把纪念品的生产外包给美国制造商而不是中国制造商的决策是错误的，还可能表明他当初不应该举债融资，而应该与体育用品零售商合作经营。因此，杰夫迟迟不肯关闭公司，这样可以避免别人说他以前的决策都是错误的（至少可以暂时避免）。从杰夫之前的所有决策可以看出，他对这门生意充满信心，寄予厚望。实际上，他选择坚持下去的决定与之前的决策在意图上是一致的，都是希望把自己的公司做大做强。

杰夫在创办伟大时刻纪念品公司时应该是充满信心的，特别是他上一家公司的成功，使他觉得新公司也肯定能成功。有了这样的信心，杰夫开始向家人、债权人及雇员做出承诺，或者夸下海口，说自己的新公司在多长时间以后可以赚到多少钱。但当公司濒临破产时，他决定维持下去，因为这样不算违背自己当初对他人的承诺。

当项目面临失败，而我们还坚持运作下去，还可能是因为我们盲目地遵从了"不要浪费"的基本商业原则。因为我们已经在项目上投入了大量的时间、精力和金钱，所以一旦我们扼杀项目，就意味着前期投进去的那些有价值的资源会白白地浪费掉，终止项目的决定将会把之前的努力付之一炬。浪费掉的资源通常称为"沉没成本"，意思是项目投资已经打了水漂，无法收回。

现在举一个案例来说明这个问题。某公司总裁吉姆发起了一个新产品营销项目，指派两个项目经理负责该产品的开发和上市工作。第一个项目经理蕾切尔从一立项就开始负责这个项目，新产品开发出来之后，第二个项目经理伊莲娜开始负责将该产品推向市场。研究表明，从项目立项就开始负责项目运作的经理人，比后来接手

负责项目的经理人对该项目的感情要深一些。也就是说，蕾切尔与这个项目的关系比伊莲娜与这个项目的关系紧密得多。因此，蕾切尔会更加用心，在项目运作上会更加积极，即使项目业绩欠佳，她也会不惜代价地投入各种成本。如果项目最终失败，蕾切尔给公司造成的损失肯定比伊莲娜大。

在决定项目的前途时，或者决定是否继续给项目投资时，不应该考虑沉没成本。此时的决策应该只以现在和将来对项目的投资为基础，过去的就让它过去吧，重要的是现在和将来。对于杰夫·施瓦尔茨来说，他不应该考虑他之前投入了多少时间和金钱，只应该考虑他现在计划给公司投的这些资源，在未来会有多少回报。此前投入的时间、心血和金钱都已经沉没了，所以当他考虑是否用自己的10万元积蓄追加投资时，不应该考虑之前的损失，只考虑这10万块钱如果砸进去的话，能有多少收益。尽管许多人知道不应该考虑沉没成本，但他们在做各种决策时，还是会把它考虑进去。

> 拖延项目失败的时间，我们就无法预测最后到底会有多少损失。

此外，终止项目的决定意味着接受既有的损失，而继续维持项目则意味着决策人无法准确预测项目的损失。终止项目时，我们知道当前的损失有多少，并且接受这个数字。而拖延项目失败的时间，我们就无法预测最后到底会有多少损失。尽管人们知道如果不及时撤掉项目的话，可能会损失更多，但还是有人选择冒险继续维持下去。当公司或项目面临亏损的时候，我们会开始寻找各种机会，最后，我们会选择一种风险等级最高的方式来维持项目的运作，尽管我们很清楚这种方式给我们造成的损失可能会更大。赌场里这种现象司空见惯，你可以看到如果你旁边女人面前的筹码越来越多（比刚坐下来时的筹码多），她就会将一部分筹码揣进兜里，然后谨慎地下注。而坐在你对面的男人如果输了的话（摆在他面前的筹码比他进来时少了一半），他很可能会下双倍的赌注，企图把刚才输掉的钱全都捞回来。也许，杰夫·施瓦尔茨在意识到自己的公司经营不下去的时候，他下了双倍的赌注，比如把自己的 10 万元积蓄投进去，然后把公司搬到一个风水好的地方，准备孤注一掷、背水一战。但如果他的最后一搏仍然无力回天的话，他就会付出更高的代价。

可能杰夫最后的努力并不只是想冒一次险，而是冥冥中相信自己的生意一定会柳暗花明，尽管有许多困难，但仍然会起死回生。但是相关实验表明，尽管人们清楚地知道自己的挣扎是徒劳的，知道如果坚持下去的话，必然会遭受更严重的经济损失，但仍然会有人选择坚持下去。因此，有些人即使知道自己的项目会失败，知道追加的投资会付诸东流，他们也不愿意立刻做出停止项目运作的决定。至此，经济学的原理已经无法解释为什

么这部分人的行为会违背经济学的基本规律，我们需要将视角转移到情商领域，来寻找这种现象的合理解释。拖延的习惯很可能是延误时机的罪魁祸首。

我们有拖延的习惯吗？

拖延，就是推迟自己的行动，即使这个行动可以产生积极的结果，但因为自己不喜欢这样做，所以暂且将其搁在一边。我们知道，失败的结果会引起消极的情绪反应。在预料到这样的结果后，我们可能会推迟终止项目的决定，以避免发生这样的结果。我们也知道，及时终止项目可以减小损失，可以尽快在今后的项目中恢复元气。那么，为什么还有人在该结束的时候不愿意结束？为什么他们不愿意用短暂、强烈的阵痛来换取更小的经济损失呢？

> 当我们遇到威胁的时候，经常采用拖延战术来保护自己。

当我们遇到威胁的时候，经常采用拖延战术来保护自己。失败的现实会给我们的情感造成威胁，我们通过逃避现实的方法来躲避眼前的威胁，避免我们在面临威胁时做出"正常"反应。面对失败，我们可能会很沮丧、很焦虑，还要承受很大的压力。如果不考虑是否应该终止项目，则焦虑和压力便无从谈起。没有焦虑，没有压力，我们的感觉会好一些，这又坚定了我们继续拖延的决心。这种逃避现实的思路所形成的恶性循环很难打破。

自己预想到的消极情绪越强烈，拖延的决心就越坚定。尽管个人的性格千差万别，项目的性质也不尽相同，但失败普遍会产生较强烈的消极情绪。

在无法撤销决定的情况下，决策者推后做出最终决定的可能性很大。如果企业主一旦做出关闭公司的决定，或者项目经理一旦做出终止项目的决定，而且他们的决定又无法更改的话，那他们推迟宣布最终结果的可能性会增加，因为他们已经预料到失败的结局会让他们更加焦虑、更加沮丧，他们不愿意过早面对这样的情绪。

我们经常乐观地以为成功尽在掌握。遇到失败时，我们经常把责任推到别人身上，以维护自己的尊严。尽管如此，我们自己心里也很清楚，我们对失败的结果是负有责任的。当我们觉得自己对某个项目的失败负有不可推卸的重大责任时，我们很可能会将终止项目的决定往后拖。

杰夫·施瓦尔茨拖了三年才关掉公司，他蒙受了巨大的经济和精神损失。他已经估计到关掉公司一定会给他带来精神上的痛苦，所以每当他想到生意失败时就会很难受。他也知道，一旦他关掉公司，想再重新开业是不太可能的了，泼出去的水永远都收不回来。于是他一拖再拖，以避免自己产生难受的感觉。这种方法还真的奏效，不去想结果，心里多多少少会好受一些。之后，每当他想到究竟应不应该关掉公司时，就立刻转移注意力，让自己好受一些。这种情况反复发生，所以关闭公司的决定迟迟没有做出。

对失败的预见性

在失败真正到来之前，别人可能会预先警告项目负责人，提醒他项目可能会失败，项目业绩不佳的种种迹象也会给项目负责人发出这样的警告。项目有可能亏损的警告可以使项目经理预见到项目失败的结局，项目已经亏损或者正在亏损的事实更会引起项目经理的重视。例如，杰夫·施瓦尔茨的公司刚开始走下坡路的时候，他很紧张，也很难过，觉得自己的梦想马上就要破灭了。预见到将来的失败并不等于已经为将来的失败做好了心理准备，但预见性至少可以让他大概体会到有一天梦想彻底破灭时的心理感受。

有些管理软件和会计工具可以给出业绩状况、财务压力、达标水平等数据，还可以提示警戒水平。一旦达到警戒线，就说明已经走到了破产的边缘。许多方面的信息都会给我们发出不祥的警告。

预先警告虽然有必要，但不是我们为失败做好心理准备的充分条件。要想为失败做好充分的心理准备，我们首先要接受项目注定失败的结局，然后还要分析失败的原因。意识到项目注定失败，就是认定项目已经到了无法挽回的地步，不管用什么方法，不管再投多少钱，再使多大劲，也不会有任何转机，也无法改变失败的命运。

> 意识到项目注定失败，就是认定项目已经到了无法挽回的地步。

预见到项目必然失败的结局后，我们不能一味地反思。第二章"总结经验，吸取教训"已经说过，应交替运用反思与恢复战略。但是，如果有人提醒我们说项目注定会失败，但我们不相信，或者我们干脆不去考虑别人的警告，那么当失败来临时，我们可能会不知所措，因为我们没有这样的心理准备。

从开始意识到项目有可能会失败，到项目失败的事实发生的这段时间，就是心理准备的持续时间。在这段时间内，我们会担心、会估量损失、会想办法、也会鼓励自己。在唐娜·海克勒的案例中，我们可以看到，心理准备十分重要。

1996 年，唐娜注册了一家品牌战略咨询公司，为客户提供品牌战略咨询服务，同时为孤儿品牌安排战略项目经理。六年来，公司的营业收入达到几百万美元，但利润却很低。无奈之下，唐娜关掉了公司。她回忆说：

品牌战略，我很在行，也很热爱这个工作，但我不懂如何经营自己的公司。我只想做我喜欢做的事情，我只知道要招到优秀的品牌战略项目经理，但不知道应该找一个什么样的财务总监和人事总监来管理我的公司，所以对这些事情我就放手不管了。虽然我们给客户提供的品牌战略方案很好，但我们的商业模式可能出了问题，我们运作这个商业模式的方法也出了问题。

有人说，开公司跟养小孩是一回事。我可以告诉你，确实是一回事。我把公司完全当作我的孩子，不管孩子好不好，我都喜欢他。在做出关掉公司的决定之前，我很难过，那段时间相当难熬。我觉得我没有尽力，我辜负了那些为我做事的人的期望。尽管我是等到所有员工都找到了新的工作之后才关掉公司的，但我也特别惭愧，我觉得对不住他们。我本来可以做得更好，我的公司本来也可以做得更好。

我很难做出关掉公司的决定，但我不得不这样做。我自己掏钱，把欠员工的工资都还上了，所有人的工资都补齐了，我不欠谁一分钱，虽然我不能给他们再发一些奖金，但基本的薪水一分都没少。在处理完这些事情的时候，我正式注销了公司。那天，我觉得我终于解脱了。我真该早点做出这个决定，那样就能早点解脱了。

唐娜已经意识到她的公司经营不善，破产是早晚的
事。从她意识到公司会破产到公司真正倒闭的这段时间
里，唐娜做好了面对失败的心理准备。在这段时间里，
她对公司投入的精力逐渐减少，所以她与公司之间的情
感联系逐渐减弱。这样，在公司倒闭的那一天，她可以
从容地面对眼前的现实。

预见到公司即将倒闭之后，唐娜与公司的感情逐渐
变淡，于是她开始估计自己的损失。因此在面对公司破
产的结局时，她的消极情绪不太强烈，并发压力也不大。
实际上，唐娜的反应是解脱，这种心态可以让她清醒地
总结公司倒闭的教训，而且有利于她重新投入到新的工
作当中去。唐娜的案例值得我们学习的地方主要是她对
即将到来的失败做好了充分的准备。对于公司和自己的
损失，她认了，在她关闭公司那天之前，她已经为这个
结果做好了各方面的准备。

罗恩·威伦原来在匹兹堡经营了几家连锁时装店，
后来都倒闭了，他也觉得心理准备是一个重要的过程。
罗恩认为最难（也是最关键）的事情是把自己和自己的
生意分开。他承认，他喜欢自己的服装店，但那些店毕
竟不是他自己。他是他，店是店，必须分开。于是他走
出时装店，找亲戚朋友聊天。在聊天的过程中，他越发

从柠檬到柠檬汁
From Lemons To Lemonade

觉得他自己和他的店是两回事。罗恩相信，如果之前没有认识到这一点，店铺关门的那天，他一定会觉得自己一点用都没有，一点价值都没有。

虽然心理准备可以减轻失败后的痛苦，但也要付出代价。一个公司或者一个项目突然消失毕竟是一件痛苦的事。当公司走到了破产的边缘，我们留着它也不是，关了它也不是。我们的心里很矛盾，在做出决定之前，我们会觉得身心疲惫。对于一个注定要失败的项目，我们既想坚持，又想放弃，既舍不得它，又要不得它。拿唐娜的案例来说，一方面，唐娜开始关注自己在其他集体中的位置，开始有意地去体会自己在其他圈子中的重要性，比如家庭，目的是疏远她和公司之间的关系，将自己与公司分开。另一方面，她也可能更加在乎自己的公司，因为她要着手解决公司目前存在的问题，比如发工资、处理客户投诉、找银行商量透支延期、找供应商拖延付款时间以争取足够的现金周转等。这时，她左右为难，情绪很可能会陷入混乱状态。

> 对于一个注定要失败的项目，我们既想坚持，又想放弃。

开始时，心理准备可能会在一定程度上缓解痛苦，但后来，这点缓解作用可能会被其他需要操心的事情抵消掉。

做好面对失败的心理准备

心理准备需要多少天、多少个月，这个很难说，因人而异，因项目而异。面对同一种失败的情形，你可能需要一个月，别人可能需要半个月。面对这个项目的失败，你可能需要一个星期，面对另一个项目的失败，可能只需要一天。有了充分的心理准备，我们就可以在项目失败后，更好地总结失败的原因、吸取失败的教训。但是，如果从意识到项目要失败到项目确实失败之间的这段时间很短，可能就没有足够的时间做好面对失败的心理准备。

凯莉负责一个新鞋开发项目，这种鞋的底部可以通风。初步测试表明该项新技术可以给双脚降温 7 华氏度，同时可以降低鞋内的湿度（总降热指数为 42 个华氏温度单位）。试穿者说他们"真的能感觉到脚的温度在下降"。所以，这个产品看起来很有前途。到了耐用性测试这一关时，结果不达标，于是投资方立即叫停了这个项目。这个项目对凯丽和项目团队成员来说都很重要，但他们几乎没有心理准备的时间，直接面对残酷的失败结局。结果，他们的心里非常不是滋味，感觉很痛苦。

这种强烈的消极情绪给他们从失败中学习知识和经验的过程造成了障碍。学习，尤其是从失败的经历中学

61

习今后可以完善自我的一些东西，在个人成长的经历中非常重要。例如，一个项目经理可以从失败的项目中获得对机会价值的更深刻理解，这种理解可以让他在今后的工作中加快创新速度，把握更多先机。他可以考虑更新生产线、开发新模式，以更加敏锐的洞察力去寻找并利用更多的机会。如果他负责这个新鞋项目，也许他在项目论证阶段就会考虑耐用性问题，从而避免新产品夭折的悲剧。

当我们承受痛苦的时候，很难从失败中学到东西。第二章中的交替战略可以帮助我们有效地调整情绪，在最短的时间内消除消极情绪对我们的干扰，以便我们静下心来认真总结失败的教训。当我们有失望、焦虑、愤怒等消极情绪时，就不太容易将注意力、精力和情感投入到工作中。消极情绪越强烈，就越难做好新的工作，我们总结失败经验、在失败中锻炼自己的过程就越缓慢。凯莉心情很差，她发现自己一想到失败的经过就开始难过、心烦。她花了很长时间才从失败的阴影中走出来，但是她没有从失败中学到什么东西，也没有加深对某个事物的理解。她觉得自己精力不够，所以不太愿意把情感投入到之后的类似项目中。所以可以说，她没有从这个失败的项目中得到锻炼。

失败引发的消极情绪会降低我们
的学习能力，也会给我们再试一次的
热情泼一盆冷水。这样的消极情绪越
明显，我们受到的精神折磨就越严
重。心理准备（不要太长也不要太

失败引发的消极情绪会降
低我们的学习能力，也会
给我们再试一次的热情泼
一盆冷水。

短）可以缓解我们的消极情绪，减少我们为失败付出的
情感代价，提高我们从失败中获得经验的能力，鼓励我
们勇敢地继续尝试。心理准备需要时间，所以需要推迟
终止项目的时间。但是从经济利益的角度讲，一旦我们
意识到项目失败不可避免时，就应当立即结束项目。两
种角度是截然对立的，在实际情况中，不同的人会做出
不同的决定。

如果凯莉的老板在得到新鞋耐用性测试结果之后，
能够推迟一两个星期再终止项目的话，凯莉和她的团队
也许就没那么消沉了。他们可以用这段时间调整情绪，
认真总结项目失败的教训，以便能够以良好的心态投入
到新的项目中去。虽然推迟项目终止的时间会给公司
（和老板）造成一定的经济损失，但员工学到的经验和恢
复的士气可以增加日后项目成功的可能性。

找到经济损失和精神损失之间的平衡点

当我们计算完项目失败所造成的经济损失，并考虑

了项目失败给后续项目所造成的经济影响之后，就会意识到我们还需要考虑项目失败给我们造成的精神损失以及员工的工作态度对今后项目的影响。为了达到锻炼自我、完善自我的目的，我们必须平衡经济损失与精神损失。找到这个平衡点没有固定的规则，要根据具体的人和具体的项目而定。虽然推迟终止项目的时间不符合经济原则，但我们必须认识到拖延有时也会带来一些好处。表面上看，杰夫·施瓦尔茨因为迟迟没有关掉公司，所以多损失了 10 万块钱。但实际上，他的拖延减小了他的精神损失。如果他过早关掉公司，可能他的精神状态没有现在这么好。正是因为他的拖延和推迟，他才能在较短的时间内恢复精神，重新鼓起再次创业的勇气。杰夫为他的心理准备花了 10 万块钱，你觉得值不值呢？

经济原则只关注经济损失，不考虑精神损失。如果严格按照经济原则办事的话，那么一旦确定项目必然失败，就应该立刻停止运作，将经济损失降到最小的程度。但是这样做，就没有（或者几乎没有）留下心理准备的时间。我们没有时间准备在情感上接受项目失败的结局，因此我们遭受的精神损失会比较大，恢复精神状态的时间会有点长。如果不在乎多一点经济损失，让项目再维持一定时间的话，精神损失就会降低，这样有利于团队成员学习经验、吸取教训。面对具体项目的时候，管理者必须清楚其中的利害关系,找到平衡点,将经济损失和精神损失减小到最低。也许,如果杰夫做心理准备的时间短一些,不是三年,而是一年,他可能在精神上恢复得更快,他的经济损失可能也不是 10 万,而是 5 万。我们不可能精确地知道杰夫到底需要多少时间才能达到最佳的精神效果和经济效果,但是我们知道,如果杰夫没有任何心理准备的话(没有追加投资),失败时他的消极情绪一定会很强烈,他会很迷茫,可能以后再也不敢尝试创业了,他永远也无法成长起来。

你的平衡点在哪里?

为心理准备争取时间,就要继续维持项目运作,这就需要我们找到平衡点,掌握好终止项目的时机,使经济损失和精神损失降到最低,实现个人成长的最佳效果。平衡点的确定没有固定的方法,需要具体情况具体分析。在前面的案例中,项目的失败或公司的倒闭都对个人财富带来了较为严重的经济后果。但在实际情况中,项目失败有可能对个人经济利益影响不大。例如,一个人可能把钱投到许多地方,或者没拿自己的财产进行债务担保,或者项目失败只对他在公司的声望有些影响,对收入影响不大。在这些情形中,如果他意识到项目会失败,然后立即叫停项目的话,他只会遭受一点经济损失,不会对他的精神造成伤害。如果杰夫很有钱，他根本不在乎或者至少不太在乎 10 万块钱的话，那么他为心理准备所付出的经济成本就是值得的。

一般来说，如果不考虑立即终止项目时的损失，那么拖延的时间越长，所付出的经济成本就越高，遭受的经济损失也就越大。但也有例外情况，对于有些项目来说，拖延的经济成本很高，对于另外一些项目来说，成本不高。如果项目烧钱较快，即资金消耗率较高，那么推迟终止项目的时间就会烧掉更多的钱。假设杰夫的伟大时刻纪念品公司维持一天要耗费 1 万块钱，那么 10 万块钱只能买来 10 天的心理准备时间。另一个公司一天耗费 5 000 块钱，那么 10 万块钱可以维持 20 天。所以，为这家公司的倒闭做好心理准备的成本是杰夫公司的一半。

推迟终止项目的时间会在一定情形下产生积极的作用，但是人们推迟的目的不同。有些人纯粹是拖延，他们不愿意看到项目失败的结局，只是因为不想推翻自己之前的决策，或者只是不喜欢失败的结果。有这种想法的人，给他再长的时间做准备也没有用，失败来临时，他的情绪该多差还是多差，而且在知识和经验上也不会有什么进步。例如，杰夫通过分析公司业绩和市场状况得出结论，认为公司迟早会倒闭，这时他就开始为关闭公司做心理上的准备。但杰夫的合伙人阿塞对杰夫的结论置之不理，而且不愿意相信公司有一天会倒闭。延迟的这段时间只对杰夫有帮助，对阿塞没有作用。阿塞本应该计算一下现在和今后的损失，但是他没有。结果项目失败后，他异常沮丧，从此一蹶不振，破罐子破摔，不仅没能从失败中学到东西，而且还丧失了今后继续闯荡的勇气。

有些人希望拖延终止项目的时间，以便做好心理准备去面对失败的结局，但是他做得不好。第二章中我们讲过，交替使用反思战略和心理恢复战略可以帮助我们从失败中学到更多的东西。通过提高心理准备的效率，我们可以缩短心理准备所需的时间，进而降低经济损失。

假设杰夫还有一个合伙人叫阿贝，她看到杰夫的结论后，也开始估算现有的和今后可能发生的损失，但是她的心态不如杰夫好，控制情绪的战略应用得也不好。她太看重损失了，跟别人交谈的时候，只说公司注定倒闭的结论和后果。她说公司业绩不好，自己如何如何难过，还说到公司真的倒闭的那一天，自己一定会更加难过。这些话只能雪上加霜，令阿贝更加沮丧。结果到公司真的破产倒闭时，她已经走到了崩溃的边缘。阿贝经历了太多的痛苦，但却没有在痛苦的经历中使自己更加成熟，她对今后的工作也产生了抵触情绪。

实践要点

在实践中，适当拖延终止项目的时间、为失败做好充分的心理准备需要掌握以下要点：

- 不要因为害怕失败或拒绝失败而拖延结束项目的时间，不要因为想向自己或别人证明之前的决策是正确的而拖延结束项目的时间，决策时，不要考虑沉没成本和未来可能追加的投资，同时灵活运用"不要浪费"的经济原则。

- 不要通过推迟项目终止时间的办法来逃避由失败引起的消极情绪，要敢于面对现实，否则更难走出失败的阴影，遭受的经济损失可能更大。简单地说，不能拖沓。

- 要认识到拖延要付出代价。

- 在预见到项目必然失败之后，应在项目终止之前做好面对失败的精神准备。交替使用反思战略和心理恢复战略，准确估算已经遭受的损失和今后可能出现的损失。

- 面对眼前的失败，要淡定，要向前看。不要一心考虑如何维持当前这个即将失败的项目，要想想从这个失败的项目中学到了哪些知识和经验，想想如何在今后的项目中取得成功。

■ 要认识到精神恢复的重要性。及时摆脱失败的痛苦，有助于我们以饱满的热情迎接明天的工作，有助于我们的个人成长。

■ 在决定是否推迟终止项目或推迟多久时，应综合考虑经济损失和精神损失。

■ 作为项目负责人，在正式宣布终止项目之前，最好事先向团队成员透露这样的信息，为他们留出做好心理准备的时间，以免他们受到严重的伤害。

结论

为什么有的人预见到项目必然失败的结局后，不立即终止项目而继续维持下去呢？有时候是因为传统观念的缘故，但其实相信坚持就是胜利并不是明智之举。面对失败，我们都会难过，只是程度不同。这种消极情绪会在不同程度上影响我们总结失败经验的效果、影响我们迎接新的挑战的士气。有些情况下，拖延终止项目的时间可以带来一些好处，可以让我们做好充分的心理准备，心理准备的时间从预见到或知道项目必然失败的那一刻开始。在这个过程中，我们会估算现有的损失和今

后可能出现的损失，做到心中有数，这样会缓解项目失败时的消极情绪，扫清妨碍我们总结失败经验的障碍，增加今后项目成功的可能性。推迟终止项目的时间，可以平衡经济损失和精神损失，这是成熟的表现。

推迟终止项目的时间，可以平衡经济损失和精神损失，这是成熟的表现。

如果你有意识地主动学习，表明你愿意接受失败给自尊带来的伤害。所以，小孩学习起来非常容易，因为他们还不太懂得自尊的重要性。大人学习起来就很困难，尤其是那些半瓶子醋还自以为是的成年人。

——托马斯·萨茨

第四章 善待自己，关注成长

当失去一些重要的东西时，我们自然会很难过。如何控制此时的心态决定了我们能从失败中学到多少知识和经验。在讨论如何善待自己之前，我们先看看大多数人是以什么样的心态面对失败的。公司倒闭或项目失败后，许多人首先把自己保护起来，觉得自己的能力没那么差，自己的价值也没那么低，殊不知正是这种心态妨碍了我们的学习和成长过程。自我保护很可能会害了我们，让我们在同一个地方再次跌倒。譬如，你可能把项目失败归因为运气不好，这样虽然能让自己感觉好受些，但你很可能会忽略寻找失败原因这一关键程序。那么，我们为什么要保护自己呢？

项目失败产生消极情绪后，我们一般会有所反应，如果没有反应，消极情绪会一直存在下去，可能导致抑郁等不良后果。谁都知道难过不是好事，要保持健康的心理状态，健康心理状态的核心是自尊，即对自我价值的整体评价。认为自己有价值，是个人对自我人格的一个基本默认假设。

一个很重要的项目失败了，你作为负责人，一定很难过，同时，你的自尊也有可能受到伤害。失败的结局会让你觉得你能力不够，如果失败的后果很严重，损失很大，你的精神可能会遭受沉重的打击，你认为自己有价值的基本假设可能会崩溃。我总说"可能"，是因为我们在遇到打击时，自我保护（维护自尊）机制会立即启动，而且非常有效。但是自我保护的意识和行为会影响我们从失败中学习知识和经验的能力。

敦豪快运公司（DHL）全国人事经理尼基·哈里森说："DHL希望所有员工能够积极发挥主观能动性，在工作中发挥创造力，争取为客户提供最优质的服务。但如果员工都害怕承担责任，或者公司对有创造力的员工没有给予宽松政策，而是追究相应责任的话，那么员工就无法施展才华、无法自行处理问题。我们鼓励员工打破僵化死板的条条框框，虽然这样会出现一些失误或造成一些损失，但是没关系，员工可以总结经验、吸取教训，以便在今后的工作中取得更好的效果。"哈里森懂得总结经验的重要性，同时他也懂得，如果员工设法保护自己、躲避责任的话，他们从失败中学习知识和经验的过程必定会受到影响。

许多人都知道，失败是很正常的事，失败是学习的机会，失败乃成功之母。这说起来容易，真要让你从失败中学习知识和经验，实际上很复杂。

许多人都知道，失败是很正常的事，失败是学习的机会，失败乃成功之母。这说起来容易，真要让你从失败中学习知识和经验，实际上很复杂。亨利是一个泳池净化项目的第二负责人，项目的任务是开发一种泳池水自动净化过滤器。项目上马六个月后，老板撤掉了这个项目。亨利已经在这个项目上投入了大量的时间和精力，他对这个项目寄予了很高的期望，所以他十分恼火，觉得取消项目对他来说是一种灾难。他开始怀疑自己的能力和价值，一遍一遍地问自己，他到底是不是一个有用的人。之后，他没有去想项目失败的原因，而是开始想一些能让自己感觉好一点的事情。虽然他设计的阀门没有通过耐久性测试，但是他觉得自己不应该承担责任，也不应该受到责备。他觉得是供应商的原材料出了问题，或者是用户使用不当的缘故。他还认为老板不配做企业家，他不敢冒险，他应该先把产品投放到市场，然后再慢慢解决产品缺陷问题。亨利把所有的责任推得一干二净之后，感觉好多了。

亨利还想到了免提式水下真空清洁器项目的负责人拉里。这个项目开发的产品曾经发生过事故，产品电池内的化学物质泄漏到游泳池中，致使 150 多人感染了严重的疾病。亨利觉得自己这个项目跟拉里比起来根本不算什么，所以他又舒服了许多。

　　拉里运气不好，损失比亨利大得多。当亨利主动拿拉里作比较的时候，他实际上是在用"比下有余"的自我保护策略来安慰自己。我们向下看、往下比的时候，可以在一定程度上维护自己的尊严。由于自己能力不足而导致项目失败时，如果我们向下看、向坏看，跟被炒鱿鱼的人比，跟受到侮辱的人比，跟没有工作的比，或者跟工作极其枯燥、极其乏味的人比，我们就会好受一些。事实上，亨利不仅拿自己跟拉里比，他还拿自己跟隔壁公司的一个文员比，觉得那是世界上最无聊的工作。他还想到有一个在游泳池底下挖沟的工人，他觉得那是世界上最苦最累的活。想到这些人，亨利觉得自己还算幸运，知足常乐嘛。

　　亨利不需要知道他比较的对象到底是什么处境，到底有多大能力，甚至那些人是不是真的存在也不重要，他完全可以想象出一个处境不如他、能力不如他的人。他在《探索》频道上看到过一个在大超市里扫厕所的人，他想象得到那个人的活有多脏，他的情况跟自己差好几倍呢。亨利最喜欢的电视节目是《最脏的工作》，这个节目每个星期都播出一个你根本无法想象的职业，那些人简直是太不幸了。想到那些人以及那些人干的活，亨利就把公司撤掉自己项目的事情忘到了一边。尽管事实已经证明他在泳池净化项目中存在严重失误，但他还是自信满满，觉得自己很有价值。

遇到失败时，许多人不承认自己的过错是导致失败的原因，也不考虑自己对项目造成了多大的损失，而是用推卸责任的办法来保护自己。推卸责任的表现是，把好的结果归功于自己的能力、知识和经验，把不好的结果归咎于他人的过错或自己无法控制的客观因素。简单地说，他们只对成功负责，不对失败负责。喜欢推卸责任的人，在项目成功时，不管这个成功是因为他能力强，还是因为他不能控制的因素起了作用，总之他更加自信了，觉得自己更有价值了。项目失败时，他的自信也没有减少，自尊也没有受到伤害。通过推卸责任，他对自己能力不足的事实不会产生多少消极情绪。亨利大言不惭地把责任推到别人身上之后，自己的确很得意。

不管是往下比，还是推卸责任，两种自我保护的手段都能保护我们的自尊心。由于同时采用了这两种自我保护手段，亨利可以满怀激情地迎接下一项工作。精神状态很重要，士气越高，工作表现越优秀。如果亨利没有往下比，没有推脱责任的话，他也许真的觉得自己一无是处、毫无价值，也许不会振作起来去承担新的任务，也许不会在下一个项目中有出色的表现，也许对自己的工作和生活更加不满，或者也许会出现生理和心理问题。

许多人都有向下看和推卸责任的习惯。用向下比和赖别人的方法来保全自己，确实有一些好处，但也有一些问题。

　　不难想象，如果总是跟不好的比，总是把责任赖到别人身上，势必会把自己宠坏。当然，我们都应该喜欢自己、爱护自己，要以自己的方式生活下去。但如果过分宠爱自己，很可能会导致自恋、极度自私、以自我为中心。我们可以想想身边有没有这样的人，我们对这样的人是什么感觉。所以我们要引以为戒，如果过分保护自己，也会沦落到他们那个状态。我们拿自己跟比自己弱的人比较时，只会看到他们的弱点或他们不幸的遭遇，而且我们还会夸大事实，人家本来没那么差，我们非要把他们想象得很差，以突出他们跟我们之间的差距，保护我们的自尊心。

　　亨利把过错推到别人身上，又找几个处于弱势的人来平衡自己的心理之后，他舒服多了。他在自己和失败之间划了一条界线，但这条界线遮住了他的眼睛，让他看不清失败的真正原因，也无法在失败的经历中得到锻炼。往下看，会降低对自己的要求，我们的实际表现与期望表现之间的差距是我们前进的动力。亨利越往下比，他对自己的标准就越低。当亨利的实际表现超过期望表现时，他会很满意，但可能会失去继续提高自己表现的

　　有差距，才会有压力，这种压力会迫使我们寻找项目失败的原因，分析解决问题的方法，在今后的工作中吸取教训。

动力。因此，对自己的要求不能降得太低，否则我们可能会原地踏步、停滞不前。有差距，才会有压力，这种压力会迫使我们寻找项目失败的原因，分析解决问题的方法，在今后的工作中吸取教训。亨利往下比时，实质上是降低了自己对期望表现的标准，沾沾自喜之时，就把总结失败经验这件大事给忘了。

推卸责任的自我保护策略也会妨碍我们成长。当你把过错推到别人身上，或推到自己控制不了的客观因素上之后，你就会觉得没什么需要总结、学习的地方。你觉得你控制不了别人，也无法改变环境，所以你就不会深入思考项目失败的真正原因，今后你可能还会犯同样的错误。亨利越觉得项目失败跟自己没关系，他就越不能从失败中学到东西。

推卸责任的做法在保护自我的同时，也会伤害自己。由于没有认真总结失败的经验，所以在今后的工作中可能还会犯同样的错误，这会导致我们对自己的评价降低，挫败我们的自信心，产生注定失败的消极态度。

善待自己的两个案例

这里有两个开发团队的案例（情况基本属实），他们开发的项目都失败了。第一个项目即前面提到的泳池净化过滤设备，其产品可以减少泳池管理人员的劳动力，而且节省水。但是设备上的一个大型水下自动弹起阀门使用寿命太短，如果经常更换的话，成本很高，所以这个设备并不能给泳池所有人带来多少利益。于是公司领导撤掉了这个项目。项目第一负责人霍莉、第二负责人亨利及团队成员为这个项目花了许多时间和心思，所以他们特别失望。

第二个项目是开发一种安装在渔网上的小型声呐设备，目的是在捕鱼时赶走渔网里面的海豚，但不能伤害它们。但是海豚有很多种，该项目研发的设备只能赶走一部分海豚，对有些海豚无效。而且这个声呐设备的频率还有可能引来鲨鱼，如果鲨鱼进入渔网的话，会对渔网造成很大损害。因此公司高层决定取消这个项目。项目负责人伊莎贝尔和首席研究员艾米丽已经为这个项目和拯救海豚做出了很多努力，所以她们非常难过。

总体来讲，向下看和赖别人的自我保护策略在维持自信心方面能够起到一定的效果，但会影响我们的学习过程。如果不认真总结经验，我们很可能还会在同样的地方跌倒。亨利本以为以他的能力，一定能够做成这个项目，没想到前功尽弃，他坚持认为项目的失败是由他无法控制的因素造成的，这些因素不在他的控制范围之内。

海豚保护项目的艾米丽与亨利的情况不同，她遭遇

> 善待自己、关注个人成长的策略优于自我保护策略。

失败后采用了另一种策略。艾米丽懂得同情自己、善待自己，同时注重个人的成长。项目失败的痛苦触动了她，她没有逃避责任、怨天尤人，也没有找一些可怜的人比较以寻求心理平衡，而是将情感和精力放在个人成长上。她认真分析了项目失败的原因，在之后的项目中没有降低对自己的要求。艾米丽的做法既让自己吸取了教训，又让自己保持了热情。因此，这种关注个人成长的策略优于自我保护策略。

你会善待自己吗？

善待自己，就是在困难面前关注自己、爱护自己、同情自己。这种关注和爱护可以解除失败给自我带来的威胁、缓解失败引起的焦虑。实验研究表明，当自我受到潜在威胁时，那些懂得善待自己的人对工作、生活及自身的态度比不会善待自己的人积极得多。

项目失败会导致消极情绪，项目越重要，情绪越明显。消极情绪会影响我们从失败中学习知识和经验的能力。前面已经说过，项目失败会触发自我保护机制，自我保护尽管会消除部分或全部消极情绪，但会影响我们的学习能力。面对失败时，以宽容、乐观、中庸的态度关注、爱护、善待自己，可以抑制自我保护机制的启动。

善待自己的态度不会对失败引发的消极情绪产生直接作用，但可以减少消极情绪对学习知识和经验的影响，有利于我们在失败中锻炼自己。有些人在评价失败时对自己采取宽容的态度（宽容），失败后他们想到的是别人也会遇到同样的困境（乐观），然后设法让自己的情绪处于平衡状态（中庸）。拥有这种境界的人才能从失败中学到知识和经验，并且把学到的东西运用到今后的工作当中去。他们的失败很有价值，因为他们从失败中取得了切实的进步。

你会善待自己吗？请完成表4—1至4—3中的调查问卷。表4—1中给出了10个陈述，从1～5五个数字中选出你对每个陈述的态度。其中1表示几乎从来没有，5表示几乎每次都是这样。把自我宽容部分的得分加起来（分值应在5～25分之间），然后完成自我苛求部分，用自我宽容部分的分数减去自我苛求部分的分数，所得的差就是你的宽容度。然后，完成表4—2和表4—3，分别得出你的乐观度和中庸度。为了便于比对你的结果，这里提供了美国西南部某高校本科生的平均分数作为参考。其中，宽容度的平均分数为－0.5分（自我宽容15.3分，自我苛求15.8分），乐观度的平均分数为0.0分（乐观部分12.0分，悲观部分也是12.0分），中庸度的平均分数为1.4分（中庸部分13.6分，极端部分12.2分）。图4—1对美国大学生、艾米丽和亨利在善待自己三个方面的得分进行了比较。将自己的分数标在图上，看看你处于什么位置。如果你得分较低，则表明你尤其应该善待自己，否则你从失败中学习知识和经验的能力就会受到影响，这将不利于你的成长。

表4—1　　　　　　　你对自己是宽容还是苛刻？
选择你在多大程度上符合陈述中的情况：

几乎从来没有				几乎每次都是
1	2	3	4	5

自我宽容	
对于个性中我不喜欢的那些方面，我尽量去理解，并保持耐心。	1 2 3 4 5
当我痛苦的时候，我对自己很友善、很仁慈。	1 2 3 4 5
当我的处境十分困难时，我会体贴自己、爱惜自己。	1 2 3 4 5
我可以容忍我的性格缺陷和不足之处。	1 2 3 4 5
当我觉得很痛苦时，我会尽量替自己着想。	1 2 3 4 5
自我苛求	
当我发现自己身上有我不喜欢的地方时，我会很失望。	1 2 3 4 5
当我面临艰难的处境时，仍然对自己很苛刻。	1 2 3 4 5
当我感到痛苦的时候，我会冷酷无情地对待自己。	1 2 3 4 5
我对自己的缺点和不足很恼火，一点都不满意。	1 2 3 4 5
我无法容忍自己身上那些我不喜欢的性格特征，对自己的性格缺陷很不耐烦。	1 2 3 4 5

　　如果自我宽容部分的得分高于自我苛求部分，表明你倾向于自我宽容的态度；相反，则表明你对自己的要求有些苛刻。

表 4—2 　　　　　　你是乐观的人还是悲观的人？
选择你在多大程度上符合陈述中的情况：

几乎从来没有				几乎每次都是
1	2	3	4	5
乐观				
当我觉得我在某些方面比较欠缺时，我会提醒自己，许多人都有欠缺的地方。				1 2 3 4 5
我觉得失败是一种自然现象，很正常。				1 2 3 4 5
当我伤心、失望的时候，我会想到，世界上还有许多人跟我有同样的感受。				1 2 3 4 5
当我的工作或生活不顺利的时候，我把眼前的逆境看作生活的一部分，每个人都不可能一帆风顺。				1 2 3 4 5
悲观				
当我很重视的一件事情没有做成时，我觉得我很孤独，似乎全世界只有我一个失败者。				1 2 3 4 5
当我想到自己身上的缺点时，我觉得我跟别人差距很大，好像别人都比我强。				1 2 3 4 5
当我情绪低落的时候，我会觉得其他人都比我高兴。				1 2 3 4 5
当我正在困境中挣扎的时候，我可能会想，其他人的日子都比我好过。				1 2 3 4 5

　　如果乐观度的分数高于悲观度，则表明你倾向于乐观的态度；相反，则表明你很可能是一个悲观的人。

表 4—3 　　　　　　你的态度是中庸还是极端？
选择你在多大程度上符合陈述中的情况：

几乎从来没有				几乎每次都是
1	2	3	4	5
中庸				
当我遇到不高兴的事情时，我尽量将自己的心情控制在不好也不坏的中间状态。				1 2 3 4 5

续前表

几乎从来没有				几乎每次都是
1	2	3	4	5
当我失落时,我尽量以平衡的视角客观地看待问题。				1 2 3 4 5
当令人伤心的事情发生时,我尽量控制自己的情绪,以免过度悲伤。				1 2 3 4 5
如果一件重要的事情没有做成,我会尽量保持淡定,不会气急败坏地责备他人。				1 2 3 4 5
极端				
当我遇到不高兴的事情时,我可能会失去自制力,控制不住自己的情绪。				1 2 3 4 5
当我失落时,我会很迷惘,看什么都不顺眼,看什么都不对劲。				1 2 3 4 5
当令人伤心的事情发生时,我觉得天都塌下来了,根本承受不了。				1 2 3 4 5
如果一件重要的事情没有做成,我会憎恨自己的无能,到处挑自己毛病。				1 2 3 4 5

如果中庸度的分数高于极端度,则表明你倾向于中庸的态度;相反,则表明你容易走极端。

宽容

如果表4—1的得分大于0,表示你能宽容自己。面对失败时,你会以一颗仁爱之心理解自己。与宽容相对的是自责,有些人看到因为自己的错误导致了失败的结果,会严厉地批评自己。尽管严格要求自己可以让我们成长、进步,但有时可能会伤害自尊,从而启动自我保

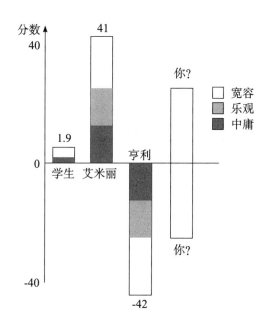

图 4—1　比较你的宽容度、乐观度和中庸度

护机制。比如，亨利在打球、钓鱼或工作时如果出现了失误，他就会使劲跺脚或者拍脑门，十分懊恼地说"我怎么能犯这样的低级错误"；"我怎么这么笨"或者"这么简单的东西我怎么都没看出来"。这种严厉的自责可能会促使亨利开始维护自尊，他可能会说"这个球不太好"；"拉里肯定也不会这么快就钓到鱼"或者"客户简直是没脑子，好好一个过滤器，怎么能那么用呢"。表4—1中，亨利在自我宽容部分的得分是8，自我苛求部分是21，他的宽容度得分是－13，表明他对自己过于苛刻。

　　面对失败，我们应当宽容自己。首先，以自我宽容的态度面对失败，可以给自己创造一种平和的心境，在这种心境下，你可以更准确地观察、体会、理解你的缺点或不足。宽恕自己犯下的过错后，我们可以深入挖掘自己的个性，或仔细分析当时自己为什么会那么做。审视自我的过程不会威胁我们的自尊心，因为我们已经赦免了自己。我们只是从自己身上找毛病，而不是批评自己有这样或那样的缺点，我们只是就事论事，不会以点带面、以偏概全地否定自己。同样，在我们做错事情时，我们宽恕自己的也只是这一次过错，不会把不相关的或者过去的错误全都算上。比如，艾米丽可以冷静、客观地看待自己的错误和过失，她关心自己、爱护自己，不会严厉地批评自己。当她犯错后，她不会觉得自己特别愚蠢。表4—1中，艾米丽在自我宽容部分的得分是22，自我苛求部分是12，她的宽容度是10分。

　　其次，宽容自己，表明你面对失败时产生的消极情绪比较强烈，甚至到了伤害自己的程度。对自己宽容的人都会意识到他们有痛苦的感觉，他们会想办法消除痛苦，或者至少不会使痛苦加剧。艾米丽在经历痛苦时，会找一些高兴的事让自己放松。项目失败后，她以一顿大餐款待自己，或者去买衣服、看电影。她这么做并不是在奖励自己犯了错误，她的目的是在自己痛苦的时候对自己好一点，这样可以减轻痛苦。

再次，在困难的时候，我们更应该关爱自己。海豚保护项目被勒令下马时，艾米丽心里很难受，干什么都没有心情，但她手头还有别的事情等着她办。出于对自己的呵护，艾米丽推迟了修补卫生间瓷砖的事，去她丈夫家看公公婆婆的事，以及给孩子开家长会的事。这些也属于自我宽容的表现。

最后，宽容的人更容易容忍自己的缺点和不足。当我们的缺点或过失导致项目失败时，宽容显得特别重要。例如，你知道自己有一个缺点，就是在着急的时候很容易出错。如果给你多一点时间写一篇报道的话，可能写出来之后不需要修改，但时间短的话，你写的东西就会有很多错误。你对自己的这个毛病很清楚，但你没有强求自己。你知道自己应练习加快速度，同时避免仓促赶工的情况。

自责有可能伤及自尊，从而触发自我保护机制，影响学习，对成长不利。对自己宽容一些，可以避免自责，提高学习效果，有利于我们进步、成长。重要的是，宽容，是我们能够做到的。我们对朋友、家人和同事经常很宽容。如果一个同事因为自己的过错导致了项目的失败，你会对他说什么？为什么要这么说？你肯定会说些安慰的话，因为这样可以缓解他的情绪。既然你能安慰有些人总是宽以待人、严于律己。

别人，为什么不能安慰自己呢？有些人总是宽以待人、严于律己。

宽容自己并不等于纵容自己，不等于忽略、否认或不情愿地被动接受自己的过失。宽容的主要作用是避免过分自责，因为过分地苛求自己会诱发自我保护机制，容易让自己往下比以寻求心理平衡，或者把失败归咎于其他人或自己控制范围之外的因素。亨利因为往下比、赖别人而抹去了自己的不足，这种态度给自己今后的成长和进步造成了障碍。亨利不再去想项目究竟为什么会失败，不再从失败的经历中审视自己。他不知道自己知道什么、不知道什么，也不知道自己到底有怎样的情绪，应该如何控制这样的情绪。

自我宽容可以为自己创造一个能够客观看待失败过程和自身过错的良好心境，防止自己陷入痛苦之中，避免动摇肯定自我价值的基本信念。宽容还可以让自己清楚地看到自己的缺点和不足，这对总结失败经验、吸取失败教训非常重要。

宽容不会减弱我们听到失败消息时的消极情绪反应。宽容要求我们在面对失败时，不要把自己想得太差，即使这一次的失败是由自己的过错造成的。在分析自己的错误或过失时，要想着不是因为自己太差，而是因为实际情况复杂多变，出现闪失应是情理之中的事，完全可以理解。这样安慰自己，不等于把失败的原因推到情况的不确定性或时间压力等因素上，而是给自己留一点余地。况且，从这一次的错误或过失中，不应该得出自我价值降低的结论。宽容一点，不要让一次的失误降低你对自己的整体评价，否则会影响你从失败中学习知识和经验的能力。亨利和艾米丽在工作中都很卖力，项目失败后，他们都很难过。但是艾米丽能够理解自己，她觉得这种项目本来就隐藏着许多不确定因素，而且时间紧迫，所以错误在所难免。她对自己的宽容态度让她保持住了对自己的信心，让她可以冷静、客观地分析自己失误的原因及自身的弱点。

乐观

善待自己的第二个方面是乐观。如果表4—2的得分较高，表明你遇到失败时，可能经常想到别人也会遇到失败和挫折，不会认为自己是世界上最不走运的人。你可以跟亨利和艾米丽对比一下，你更像谁？如图4—1所示，艾米丽在表4—2中乐观部分的得分是22，悲观部分是7，她的乐观度是15分。亨利的乐观部分是6分，悲观部分是19分，他的乐观度是—13分。

首先，遇到失败时我们提醒自己，不是只有我一个人会失败、会怀疑自己的价值，其他人也会失败、也会对自己的价值产生怀疑。譬如，项目失败后，艾米丽觉得自己能力不够，同时她告诉自己，其他人遇到失败时也会有同样的感觉。大多数人在失败面前都会有负面的情绪反应，败得越惨痛，情绪越强烈，他们都会考虑自己是否有能力在今后的项目中取得成功。但是艾米丽会对自己说"所有人在失败面前都会难过"，或者"别人都能控制好情绪，我也能"。她还会想，"那些伤心难过的人最后都挺过去了"，有些人还"觉得要是没有上次失败的经历，自己现在也不会这么厉害"。这样的想法可以让艾米丽压制消极情绪，停止对自己能力的怀疑。

与艾米丽形成鲜明对比的是，亨利对自己遇到失败后的消极情绪总要批评一下。他会说："你也觉得难过？你那根本算不了什么，我才是公司里最倒霉的人。"然后又问："我为什么这么脆弱呢？"亨利不仅对自己的过错感到不满，而且还对自己的情绪反应很不满意，所以他的心情更差了。

其次，以宽容之心对待失败，并不等于否认我们的缺点或错误是导致项目失败的原因。人非圣贤，孰能无过。每个人都有缺点，每个人都会犯错，有缺点、犯错误是正常的。譬如，艾米丽安慰自己说，绝大多数人在工作中都会遇到失败或挫折，尤其是在从事新工作的时候。海豚保护项目取消时，艾米丽对自己采取爱惜、同情的态度，她觉得项目失败又不是天塌下来了，自己的错误和过失也不是什么不可饶恕的滔天罪行，因为谁都会出现失误。而亨利却紧紧抓住自己的缺点和过失不依不饶，非觉得只有自己才会犯错，其他人都不会。亨利对自己说"安德鲁就从来都没有犯过这样的低级错误"，"我的这次失误也许是公司有史以来最愚蠢的一次"，或者"为什么只有我一个人会出现这样的失误?"这些想法会触发亨利的自我保护机制，或者会让他觉得自己一无是处。

最后，我们的乐观还表现在我们会提醒自己，许多项目都有风险，不是每个项目都必须成功。许多项目都涉及一些新的东西，如新产品、新工艺、新市场。我们对新项目寄予高收益的厚望，设法运用新知识、新方法和新战略来实现收益，但谁也不能保证新项目就一定能成功，一定能带来收益。当涉及新东西的某个项目失败时，我们必须清楚地认识到，在情况极不确定的环境下，错误和失败几乎是不可避免的。艾米丽知道，她做的这个保护海豚项目存在许多不确定性，所以失败算是正常的结果。尽管如此，项目失败时她还是很难过，但她能够控制住情绪，正确看待失败的结果。她告诉自己："最好能从后视镜中看一下自己走过的路，再看看车是否轧到了什么东西，同时还要预测下一个转弯处会是什么情况。"或者说："如果我们有足够的信息和充足的时间，我们就不会出现失误，可惜我们没有。"可是亨利忽略了一些信息，于是他责问自己："谁都知道应该把那个因素

考虑在内，我怎么就给忘了呢?"

　　以乐观的态度面对失败，会让自己觉得失败只是人生的插曲，是职业生涯中的一种必然经历。如果把失败放到宏观环境下看待，你会发现你不再只盯着自己的错误和过失唏嘘慨叹，也不再把自己放逐到一个孤岛上。你会继续与别人来往，毕竟，你还要在这个社会中生存下去。乐观的艾米丽在项目失败后，仍然和团队成员保持友好的关系，他们把他们关于项目失败原因的分析结果告诉艾米丽，还把工程部有关声呐设备零件的文件拿给她看，艾米丽获得了更多的信息，这些信息可以帮助她总结失败的教训。由于能够与他人保持友好的关系，艾米丽可以自如地交替运用反思战略和心理恢复战略来控制自己的情绪。

　　艾米丽从失败中学到知识和经验之后，她可以继续动用人脉资源，为今后的项目做准备。但亨利就不能，因为他已经把自己孤立了起来，把自己跟家人、朋友和同事之间的关系断开了。他还是觉得只有他会犯这样的错误，只有他有这样的缺点，要是把这个项目交给别人做，一定不会是现在这个样子。

　　以豁达、开阔的胸襟看待失败，你会发现失败在工作和生活中其实很正常，遭遇失败的人理应得到同情。

如果你能意识到每个人都会有失败和痛苦的经历，你就不会那么自责，对自己也不会那么苛刻了。乐观的态度可以停止对自己的责备，向下看和赖别人的自我保护策略也可以减轻自责的程度，但两种方法区别很大。

采用比下有余的策略时，失败者紧紧盯住弱者，以维护自己所谓的尊严，比如亨利盯住更加倒霉的拉里，因为拉里的过错所造成的后果比自己严重得多。乐观的人认为失败乃人之常情，谁都不可能一帆风顺。所以乐观的人不会过分苛责自己，因为无论他往上比还是往下比，都没有特例，即使他想到身边的

> 乐观的人认为失败乃人之常情，谁都不可能一帆风顺。

某个人好像一直是平步青云、顺顺当当，他也会想，这个人过去可能遇到过挫折，或者将来可能会遇到。失败不可能只发生在某个人或某些人身上，不论这些人是穷是富、是好是坏。以乐观的态度面对失败，你就不会觉得失败会伤害自尊，不会觉得失败等于否定自我价值。既然失败不会对你构成任何威胁，那么也就没有必要启动自我保护机制，没有必要往下比了。

与宽容一样，乐观也不会降低面对失败时的痛苦程度，失败后我们仍然很难过。但有了宽容与乐观的心态，我们就可以从容地分析自己的过错，更快地从失败中学到东西。

中庸

中庸的意思是以平和、淡定、从容的态度面对自己的痛苦，不夸大自己的痛苦，不走极端。

善待自己的第三个方面是中庸，意思是以平和、淡定、从容的态度面对自己的痛苦，不夸大自己的痛苦，不走极端。中庸的人面对失败时，会以好奇心审视自己的痛苦情绪，他们不会隐藏自己的情绪，不会把痛苦憋在心里。对自己的情绪反应好奇，说明失败者已经意识到情绪中包含一些重要信息。我们可以细细体会自己的情绪反应，根据反应强度来判断所发生事件的严重程度。在体会自己情绪的过程中，我们会把注意力集中到信息的搜集和整理上，这样有利于我们认真分析失败的前因后果。好奇心会驱使我们探究失败的经过及我们对失败的反应，还会缓解因为不知道如何控制情绪而产生的焦虑。实际上，情绪不需要刻意控制，情绪是学习过程的一个重要组成部分。

亨利的中庸度得分是－16，很低。表4—3中，他在中庸部分的得分是6，极端部分是22，如图4—1所示。他太在乎、太看重自己的情绪反应了。亨利没有认真思考自己为什么会产生这样的情绪，而是盯住消极情绪本身不放。失败后，他开始抓狂，气急败坏地抱怨自己的情绪反应。每个人都有可能特别专注于自己的情绪和想法，都有可能钻进这样的牛角尖。第二章中曾经提过，如果总想着项目造成的损失，我们关注的焦点就有可能从项目失败的经过转移到失败产生的消极情绪上，那样的话我们就会反复琢磨自己的情绪。比如我们可能会一遍又一遍地想自己的心情有多差，别人遇到这样的情况时心情有多差，想得时间越长，我们就越难受，这会影响我们总结失败经验的能力。

心胸不够开阔、经常走极端、不善于以宏观视角看待问题的人，在长时间采用反思战略时，可能会把注意力都集中到自己的情绪上。他们使用反思战略的时间越长，思想可能越极端，这不仅会加重消极情绪，还会严重影响总结失败经验的学习过程。

艾米丽在表4—3中中庸部分的得分是20，极端部分是4，她的中庸度是16，如图4—1所示。艾米丽能够感觉到海豚保护项目失败后，自己非常心痛，但是她对自己不像亨利那么挑剔，她没有严厉地批评自己，所以她没有把这次失败变得更加复杂，没有降低对自身价值的总体评价，也不认为这次失败伤害了她的自尊。在艾米丽身上，失败的事实没有启动自我保护机制，没有妨碍她从失败中学习知识和经验。

尽管艾米丽很难过，但她把失败看作锻炼自己的机会。她没有把失败这件事情抛在脑后，也没有用自我保护的策略把这件事情压下去，而是把它摆到明面上，认真分析项目失败的原因。同时，艾米丽也没有忽略自己的消极情绪（见第六章），她承认自己很难过，但不会因为难过就降低对自身价值的整体评价。她把情绪当作信息的一个来源，用好奇心去分析这些信息。

失败在引发消极情绪的同时，也带来了锻炼的机会。中庸的人既能够处理好消极情绪，又能抓住这次机会。如第二章中所述，每个人都可以通过交替运用反思战略和心理恢复战略来提高自己处理失败问题的能力。需要注意的是，中庸的态度并不影响学习的过程，只是划清了分析失败原因与评价自我价值之间的界限。中庸的人没有自我意识，或者自我意识淡漠，他们对自己不苛刻、不挑剔，所以他们的自尊不会受到威胁，自我保护机制不会启动，从失败中学习知识和经验的过程不会受到干扰。

实践要点

- 面对失败，不要采用自我保护策略，否则不利于成长。
- 深入剖析自身的性格缺陷和弱点以及导致失败的

错误和过失。

■ 遇到挫折时，应当善待自己。做一些能让自己高兴的事以减轻痛苦，至少不要再加剧由失败导致的消极情绪反应。

■ 情绪低落时，应关心、爱护自己。要意识到自己现在心理比较脆弱，但不要将消极情绪完全抛在脑后。

■ 要容忍自己的缺点和不足，特别要对导致项目失败的失误采取宽容的态度。

■ 提醒自己所有人在遇到失败的时候都会觉得自己存在不足。

■ 要认识到失败是由自己的缺点和不足造成的，同时还要认识到，人人都有缺点，人人都会犯错。

■ 告诉自己，机会往往隐藏在充满不确定性的环境中，新项目的机会多，不确定性也多，所以出现失误的可能性较大。

■ 提醒自己，大多数人面对失败时都会难过，这是人之常情。

■ 从容、淡定地面对失败导致的消极情绪。

■ 用好奇心看待自己面对失败时的心理。

■ 不要把失败这件事和自我价值联系在一起。

结论

　　面对失败时，我们的本能反应倾向于用自我保护策略来维护自尊。这样做虽然可以避免我们的自尊心受到伤害，但会影响我们从失败中学习知识和经验，不利于我们的成长。我们可以用善待自己的策略来代替自我保护策略，善待自己不仅可以帮助我们控制情绪，还能让我们在失败中得到更好的锻炼。我们应以宽容、乐观、中庸的态度将自我评价与项目失败这两件事分清楚，这样可以更加有效地分析项目失败的原因、总结失败的经验和教训。

啊，要是能有这样一个朋友就好了！我跟他可以什么都说，不用担心说错话，没有任何顾虑，我可以把脑子里最隐秘、最愚蠢的想法都告诉他。跟他在一起，我会觉得很舒服、很温暖，不用猜测他是否能够接受我的想法，也不用揣摩应该用什么样的措辞或语气来表达我的想法，我只要把脑子里想的全都倒出来就行，而且可以想到哪里说道哪里，不需要理出头绪。我相信他自己会过滤我说的话，只把有用的留下，没用的付之一笑。

　　——黛娜·玛丽亚·马洛克·克雷克，《以命抵命》，1866 年

第五章　提高情商，互相支持

　　学习是一个输入、输出的过程，从失败中学习知识和经验也是一个输入、输出过程。前面已经说过，消极情绪会干扰学习过程。如果能够更加有效地管理、控制情绪，就可以减弱或消除情绪的干扰，从而清晰还原失败经过，认真分析失败原因，使学习达到最佳效果。我们发现，那些情商高的人和那些能够理解他人的人更容易搞清楚失败的原因，更容易从失败中学到东西。

　　弄清项目失败的经过对我们来说非常重要。要弄清一件事情的起因、经过和结果，我们需要寻找与之相关的信息，然后分析这些信息，将事情的经过还原之后，还要改变头脑中一些固有的概念和行为，以免在今后的实践中重蹈覆辙。这是一个循序渐进的过程。当我们收集到更多的信息，并对这些信息进行分析后，我们对失败的原因可能会有新的解释，对失败的经过也会有新的认识。例如，某个项目失败后，团队成员开始思考项目失败的原因，他们给出了许多种理由，分析了许多可能性，对项目失败的经过做了一遍又一遍的解释，每一次解释都比上一种假设更加合理。

在搜寻（即收集信息）的过程中，我们把注意力集中在内部环境和外部环境的具体要素上。搜寻的主要对象是我们认为对还原失败经过有帮助的信息，同时还包括与我们的注意力本身有关的信息。就像汤姆·汉克斯在电影《荒岛余生》中寻找救援船只那样。他可以在海边沙滩的帐篷里巡视海平面，还可以爬到山顶，从东南西北各个方向搜寻目标。他在沙滩上的时候，搜寻范围很有限，到了山顶，搜寻能力大大提高。刻舟求剑的古老寓言故事告诉我们，搜寻要尽量锁定范围。美国版刻舟求剑的故事，是说一个人在路边没有路灯的草坪里丢了一串钥匙，但他却到路灯下面去找，别人问他，为什么你在草坪里丢了钥匙却要到路灯下来找呢？他说，因为这里更亮一些。可是，他永远也不会在路灯下找到他丢掉的那串钥匙。所以，我们在寻找失败的原因时，必须要有针对性，将注意力集中在与项目有关的内部和外部因素上。

搜寻到的信息需要解读、分析和理解。信息由若干片段组成，如何将这些片段组合在一起？新收集到的信息对我们已知的信息有什么影响？信息的解读很重要，就像我们必须要理解书中的文字一样。在解读的过程中，我们会将与项目失败有关的新信息与我们已知的关于项

目、市场及技术方面的知识进行比较。

当我们已有的知识无法帮助我们解析新信息时，或者新信息与旧有的知识体系不相容时，我们就需要学习，需要更新我们的知识库，为项目的失败做出更加合理的解释。通过学习新知识，我们可以以不同的视角或不同的方式来实施今后的项目。我将在下文中给出案例，然后说明情绪管理战略可以促进信息的搜寻与解读，从而提高我们的学习能力。下文还将指出，情商高的人能够更加有效地选择和运用情绪管理战略。

> 情绪管理战略可以促进信息的搜寻与解读，从而提高我们的学习能力。

你的情商高吗？

情商，又称为情感智力、情感智商、情绪智商或情智，是指观察、识别自己或别人的感觉、情绪和感情，并利用观察到的信息来指导自己思想和行为的能力。你的情商有多高？完成表5—1中的调查，计算每个部分的得分，再把每个部分的得分加在一起，即得到你的情商指数。为了便于比较，这里提供一个参照指标。对某中等规模公立学校的130名在职商学院学生的调查结果显示，他们在情绪感知能力部分的平均分数为30.1分，情绪利用能力为29.9分，情绪理解能力为25.5分，情绪调节能力为32.4分。图5—1给出了学生样本的平均分，以及下文案例中人物的平均分。柱状图中从下往上依次为情绪感知能力、情绪利用能力、情绪理解能力和情绪调节能力。看看你的情商处在什么位置。

　　如果你情绪感知能力部分的得分大于 30，表明你能够清楚地感觉、觉察到自己的情绪。如果情绪利用能力部分的得分大于 30，表明你能够轻松地控制自己的情绪。如果情绪理解能力部分的得分大于 25，表明你对自己和别人的情绪十分敏感，并且有能力预测到别人的情绪反应。如果情绪调节能力部分的得分大于 32，表明你有能力将情绪引导到积极、有利的方向。如果各部分总分大于 118，表明你的情商在平均水平以上，至少比在职商学院学生的平均情商高。如果低于 118 分，只能说你的情感智力水平还有上升的空间。

表 5—1　　　　　　　　　测一测你的情商

下表中有四个部分的调查，每个调查中有若干项陈述。选择相应的数字，表明你在多大程度上与陈述相符。

完全赞同					完全不赞同	
1	2	3	4	5	6	7
情绪感知能力						
我能够清晰、敏锐地感觉到我每天的情绪状态。				1 2 3 4 5 6 7		
工作中，如果某人的行为影响到了我的情绪，我会立刻感觉到。				1 2 3 4 5 6 7		
通常，我能够体会到别人的感受。				1 2 3 4 5 6 7		
我很容易知道我对工作中的某个问题投入了多少精力和热情。				1 2 3 4 5 6 7		

续前表

完全赞同						完全不赞同
1	2	3	4	5	6	7
一般情况下，我能够感觉到别人的情绪，尽管有时别人的面部表情与身体语言传达出的信息与他的真实想法不一致。					1 2 3 4 5 6 7	
我很容易判断别人对某个问题的态度，即使他们说的不是实话。					1 2 3 4 5 6 7	
情绪利用能力						
我能够判断出我手头的哪些工作重要，哪些工作不太重要，并把重要的工作安排在前面。					1 2 3 4 5 6 7	
我经常用我对项目的工作热情来感染团队成员，以便让他们更加努力。					1 2 3 4 5 6 7	
我经常以我自己对某个问题的看法来决定我应该花多大精力来解决它。					1 2 3 4 5 6 7	
工作中，我会考虑别人的想法。					1 2 3 4 5 6 7	
当我跟客户或同事交谈时，我会特意为自己营造一种有利于解决问题、达到目的的情感状态。					1 2 3 4 5 6 7	
在做进一步的决定之前，我总会考虑别人对这个决定持什么态度。					1 2 3 4 5 6 7	
情绪理解能力						
如果同事的工作表现不佳，我能看出他是生气还是尴尬，是惭愧还是自责。					1 2 3 4 5 6 7	
我看其他人互相交流的时候，能够看出他们对对方的感觉和态度。					1 2 3 4 5 6 7	
在工作中，我能够敏锐地觉察到与情绪有关的细微迹象，比如别人的坐姿或他们保持沉默时的样子。					1 2 3 4 5 6 7	
我通常能够判断出同事对某个情况的情绪反应是源于他独特的个性还是出于他的文化背景。					1 2 3 4 5 6 7	
项目失败后，如果同事的情绪越来越低落，我通常能够觉察到。					1 2 3 4 5 6 7	

续前表

完全赞同					完全不赞同	
1	2	3	4	5	6	7
情绪调节能力						
每次开始执行新项目时，我都会期待一种成就感。				1 2 3 4 5 6 7		
我通常能够将我对项目的热情传递给别人。				1 2 3 4 5 6 7		
工作中，如果某人对别人特别关心、特别友好，我总能观察到。				1 2 3 4 5 6 7		
如果某人在工作中遇到挫折而大发脾气，我能设法让他平静下来。				1 2 3 4 5 6 7		
如果同事对他的工作表现很失望，我会尽量鼓励他、支持他。				1 2 3 4 5 6 7		
如果同事遇到了令人痛苦的事情，比如亲人去世或者罹患重病，我会向他表示真诚的关切，并设法尽量让他们感觉好点。				1 2 3 4 5 6 7		

得分越高，表明情商越高。

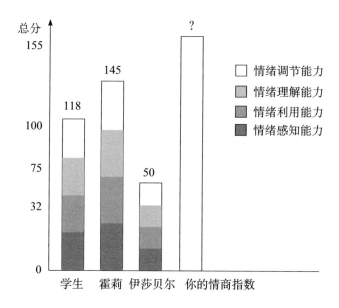

图5—1 比较一下你的情商

那么，情商是如何帮助我们总结失败经验、吸取失败教训的呢？项目失败后，情商可以帮助我们交替使用情绪管理战略来管理情绪、锻炼自我，如第二章所述。情商高的人，能够：

■ 及时识别出情感上的征兆，在恰当的时候从反思战略过渡到心理恢复战略，或者从心理恢复战略过渡到反思战略。

■ 利用情绪来处理与失败有关的信息，以便从失败的经历中得到锻炼。

■ 观察到团队成员的情绪变化，提醒并帮助他们从反思战略（或心理恢复战略）过渡到心理恢复战略（或反思战略），促使他们从失败中学到知识和经验。

前面一章提到过，霍莉负责的泳池净化项目和伊莎贝尔负责的海豚保护项目都失败了。霍莉和团队成员为项目投入了大量的时间、精力和智慧，他们很沮丧。霍莉在情感方面的智力水平较高，在表5—1的调查问卷中，她的得分是145分，其中情绪感知能力38分、情绪利用能力37分、情绪理解能力32分、情绪调节能力38分，如图5—1所示。

伊莎贝尔在情感方面的智商不高，在表5—1的调查问卷中，她的得分是50分，其中情绪感知能力12分、情

绪利用能力 19 分、情绪理解能力 8 分、情绪调节能力 11

分，如图 5—1 所示。

情绪与信息搜寻

项目失败时，情绪反应可以产生
一些积极的作用，可以提示我们损失
了一些重要的东西，还能提示我们导

> 情绪反应可以提示我们损
> 失了一些重要的东西。

致发生损失的一系列事件对于分析项目失败的原因来说
非常重要。这些提示可以将我们的注意力转移到有助于
我们理解项目失败原因的相关信息上来。产生情绪反应
的事件，比没有产生情绪变化的事件重要一些，而且，
诱发消极情绪的事件比激发正面情绪的事件重要。

泳池净化项目和海豚保护项目对各自的团队成员来
说都很重要，所以项目失败时，大部分人都很难过，但
布伦特是个例外。他是海豚保护项目团队的工作人员，
他不大在乎海豚的死活，也不在乎渔民的渔网，对整个
环保行动也不感兴趣，他觉得这只是份能够挣钱养家糊
口的工作而已。所以项目终止时，他既没有难过，也没
有高兴，而是觉得无所谓，无关痛痒。他的情绪没有变
化，因此没有提示他发生了一件重要的事情，于是他的
注意力转移到他在乎的事情上去了。他要去吃午饭，要
去看一眼停在楼下的车，晚上还要关注他喜爱的球队能

107

不能赢。他的注意力完全不在导致项目失败的那些事情上，也不在项目失败本身这个事实上。

情绪反应的强度会影响我们从失败中学习知识和经验的能力，控制情绪的方式会影响我们搜寻与失败有关信息的过程。情绪管理包括反思、恢复和交替三种战略，如何有效、合理地运用情绪管理战略，取决于我们的情商水平。

心理恢复战略可以将我们的注意力从项目失败转移到其他地方，比如处理项目遗留问题或其他事情，以减小或消除并发压力。转移注意力的主要目的是缓解由失败引发的消极情绪。如果那些项目遗留问题或其他事情能够处理好，表明我们已经顺利地将注意力从项目失败以及引起项目失败的事件上移开。这时，我们基本不会去搜寻与项目失败有关的信息，基本不会考虑项目究竟为什么会失败的问题。例如，泳池净化项目的霍莉在项目失败后，开始上网找工作。这种方式可以让她将注意力从项目失败的事实上移开，而且还可以减轻她有可能面临解雇或降职的压力。当她浏览网页寻找新的工作机会时，她不会去想之前发生的事情，不会考虑项目失败的原因。

与心理恢复战略不同，反思战略是让注意力集中在项目失败的经过和结果上，这样可以搜寻到更多与项目失败有关的信息。例如，伊莎贝尔听到取消海豚保护项目的决定时简直无法接受，她心烦意乱，不敢相信这个事实。她查看了所有与项目有关的信息，包括营销报告、产品测试结果以及政府相关部门关于宽吻海豚和锥齿鲨迁徙的数据，她还查询了大量的相关知识，试图找到解决产品缺陷的方案。她找到参与产品测试的渔民、地方院校的一位海洋学教授和海岸警卫队学院的一位声呐专家请教问题。伊莎贝尔搜寻到的这些信息有助于为项目的失败给出更加合理的解释，也有助于在今后可能的类似项目中改进产品。

但是，伊莎贝尔的反思战略运用一段时间之后，她的注意力开始从失败的原因、经过和结果转移到项目失败时与失败后的情绪反应上。她经常回想当她听到项目取消的消息时自己几乎晕倒的感觉，回想她当时在会议上当面质问领导、冲领导发脾气的尴尬场面，并想象此时此刻被困在渔网里的海豚挣扎、绝望的惨状。这时，伊莎贝尔脑子里充斥着项目失败时的感觉、情绪和想法，不再搜寻更多信息，不再分析失败原因。这种情况会加重消极情绪，降低认知能力，阻碍学习活动。

当反思战略的运用导致弊大于利的结果时，应当切换至心理恢复战略。当伊莎贝尔开始反复回想失败时的情绪和想法时，她需要改用心理恢复战略，暂时休息一段时间，以缓解消极情绪，恢复认知能力。交替战略不仅包括从反思战略过渡到心理恢复战略，还包括相反方

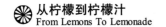

向的过渡。在处理完项目失败导致的遗留问题、办完自己的其他事情或休息一段时间之后，应回过头来继续分析原因，总结经验。霍莉浏览完找工作的网站，又做了几样自己感兴趣的事情，这时她觉得即使是降职或者解雇也没什么可怕的了。她的认知能力和判断力允许她开始分析项目失败的原因，允许她从项目失败中学习知识和经验。

情绪与信息解读

搜集到的信息必须解读才有意义。在伊莎贝尔找到政府有关部门关于宽吻海豚和锥齿鲨迁徙模式的资料后，如果不找海洋学家咨询，她仍然不会明白渔网的缺陷。在搜寻信息的过程中，如果我们意识到某些信息有用，就需要用自己或团队现有的知识对其进行分析和理解。

心理恢复战略将思绪从项目失败的经过转移到项目遗留问题或其他不相关的事情，遭遇失败的人可以积极处理项目遗留问题，以重新树立自己在高层管理人员心目中的形象，重新获得他们的信任，或者也可以寻找其他工作机会。这些做法都可以缓解消极情绪，排除情绪反应对信息处理过程的干扰。但是，消极情绪并不会就此消失，而是受到暂时的压制，而失败者在压制消极情绪时，也要付出精神上的努力，所以精神上的消耗又会影响处理信息、分析问题的能力。此外，虽然转移注意力的那些事情可以缓解消极情绪，但在信息解读的过程中，失败者头脑里想的是那些分心的事情，而不是如何吸取经验教训。

恢复一段时间之后，反思战略开始改变我们解读失败的方式。当失败的原因渐渐清晰，已知的信息和后来搜寻到的信息融合在一起，呈现出项目失败的完整经过时，我们与项目之间的情感联系就会断开。在解读新信息、将其纳入原有信息综合考虑的时候，消极情绪会进一步减弱，消极情绪得到控制有利于信息的解读。但反思过程持续过久的话，又会加剧消极情绪，注意力在失败上徘徊一段时间之后，消极情绪就会凸显出来，占据主要位置，这时我们会很苦恼。本来大脑中用于信息处理的空间就不够，一旦消极情绪侵袭，就更不够用了，所以这时我们解读信息、分析原因的能力明显下降。

伊莎贝尔陷入了反思的泥潭，只想着项目失败时自己的感受和情绪，这阻碍她搜寻到更多的有用信息，也干扰她解读之前获得的信息。例如，她查到一个表述洋流与海豚和鲨鱼迁徙模式之间关系的数学公式，但是她需要一个懂数学、懂海洋学的专家来告诉她这个理论公式的实际意义。伊莎贝尔在请教专家时，脑子里又呈现出海豚在渔网里痛苦挣扎的情景，而且项目终止之后，又有几百条海豚葬身在他们设计的渔网中。所以专家解释了什么，她基本没听进去，只是不停地对专家说："死了好多海豚，还有许多幼崽，它们死得太冤了。"当她走出专家的办公室时，她仍然不知道那个数学公式的意义。

伊莎贝尔这个时候要想打破这种恶性循环，恢复信息解读能力，就需要从反思战略过渡到心理恢复战略。恢复之后，还要及时回到反思战略，继续解读导致项目失败的相关信息。

情绪与学习

学习是分析失败原因、弄清失败经过的最后一个阶段，搜寻信息和解读信息的过程会对学习及后续活动产生影响，因此情感管理战略间接影响学习效果。项目失败后，消极情绪加剧，这会干扰信息搜寻和信息解读，对总结失败经验造成障碍。因此，

■ 提高信息搜寻和解读能力以及学习能力有利于分析失败原因、总结失败经验，有利于在失败中得到锻炼。要提高信息搜寻能力，可以将注意力尽量集中到项目失败的经过上，查找所有与项目失败有关的线索。要提高信息解读能力，可以将新

获得的信息与自己已经掌握的信息和知识联系起来，融会贯通，综合考虑。要提高学习能力，可以在提高信息搜寻和解读能力的基础上，拓宽思路，转换角度，在已有结论的基础上寻找并分析更多的可能性。

- 使用心理恢复战略，在初期可以提高信息搜寻、解读能力和学习能力，但经过一段时间之后，会阻碍这些能力的发挥。

- 使用反思战略，在初期可以提高信息搜寻、解读能力和学习能力，但经过一段时间之后，也会阻碍这些能力的发挥。

- 在反思战略或恢复战略开始影响信息搜寻、解读能力和学习能力时，应及时转换战略。只有情商水平较高的人才能在恰当的时机转换战略。

提高情商，取得别人的帮助

作为项目负责人，在立项的时候，可能只有你一个人在工作。但进入实施阶段，一般需要一个团队。团队合作的好处是，如果项目成功，我们可以分享成功的喜悦，如果项目失败，我们可以分担失败的痛苦。在分担痛苦的过程中，我们可以更加有效地控制项目失败产生的消极情绪，并且在较短的时间内从项目失败的经历中学到知识和经验。我们可以跟有同样经历、同样感受的人共享信息、探讨原因，在控制情绪和学习经验上可以互相帮助。

项目失败时，团队成员之间的互动非常重要。第一，别人可以帮助我们控制情绪、总结经验。第二，假设项目团队在项目失败后没有解散，在今后的工作中仍然是一个整体，那么这个团队就不仅仅是由若干人组成的一个集体，这个集体本身也应该是有生命的，它也会难过，也会学习，也会成长。不管项目团队在失败后是否完整保留，个人在遭遇失败后，一般都希望自己仍然是某个集体中的一员，这个集体可以是社会团体，也可以是家庭或家族，在这个集体中，我们可以跟别人交流、向别人学习，可以让自己变得强大。

当别人善意地帮助我们控制失败后的情绪时，我们一般会欣然接受。充分利用别人或组织的帮助是一种重要的能力。对于那些帮助别人控制失败情绪、分析失败原因的人来说，有些技巧可以提高他们帮助别人的效果、加快他们帮助别人的速度。在情感或情绪问题上给予帮助，无论对于帮助别人的人还是对于接受帮助的人，都不是一件容易的事。有的人很擅长，有的人帮倒忙。

有些人能够在失败后变得成熟，有些人不能，或者很久之后才能，这其中的关键因素就是交流。例如，反思战略的一项主要活动就是与别人谈论失败的经历，在回想、谈论整个事件的过程中，我们会对项目失败的原因有更加清晰的认识。失败的原因越明了，我们与项目之间的联系越松散。许多人可能都遇到过这样的情形：我们本以为自己分析的原因非常正确，自己的判断没有问题，但我们跟别人说完之后，经过他们的思考和批判，我们的结论又站不住脚了。所以我们要维持一个社交网络，使自己可以跟这个圈子里的人谈论失败的经过、探讨失败的原因。社交圈是一项重要资源。

但是，并不是说与别人谈论失败的经过，他们就一定能够帮助我们弄清失败的原因，关键要看跟什么人谈，如果谈论的对象找得不对，我们的情绪可能会更糟，他们的话有可能加重我们的消极情绪，妨碍我们成长。有些人可能不太会说话，不善于准确表达想法，或者因为怕说错话而遮遮掩掩、含糊不清，结果他们给出的参考意见可能会扰乱你的思路。或者，他们的话既没有积极作用，也没有消极作用，你跟他们说话等于对牛弹琴。

因此，一方面，跟别人交流很有必要；另一方面，别人要想帮助我们，也不是件容易的事。所以许多人遭遇失败后，选择跟家人、朋友或同一个项目团队的同事交谈。但如果跟同一个项目团队的同事交流的话，

由于他们自己也很难过，自己也要处理相关事情，所以他们一般不愿意跟我们交流。他们很难在满足自身情感需求的同时再满足别人的需求，很难在设法让自己从失败中得到锻炼和成长的同时再帮助这方面能力较弱的人。

> 情感智力越高，说明我们越能体会自己和别人的情感，越能有效利用认知的信息来指导自己的思想和行为。

情感智力越高，说明我们越能体会自己和别人的情感，越能有效利用认知的信息来指导自己的思想和行为。情商高，我们就可以根据当前的情感状态来决定应采用哪种情绪管理战略，可以在不影响帮助者情绪的前提下接受别人的帮助。所以我们不仅要提高自己的情商，还要确保自己的社交圈内有情商高的伙伴。

我们必须知道，情商不是与生俱来的，可以后天培养。第一，要加强对自我意识的感知力度。你可以经常观察自己的情绪和行为，经常问自己："我有什么感觉？我对现在这个项目有什么感觉？对项目现在的业绩有什么感觉？其他团队成员对项目业绩有什么感觉？"同时，你还可以观察别人的情绪，看看别人有什么样的情绪反应，为什么会有这样的反应，他们心里高兴、难过、生气或沮丧的时候，表面上看起来是什么样子。

第二，要提高管理情绪的能力。利用你感知到的自己和别人的情绪来调整自己和别人的情绪。当你意识到自己感到难过的时候，最好想想什么事情可以让你的心情好转？什么事情或者什么想法能控制住你的情绪？别人难过的时候，他们有什么反应？谁比较擅长控制情绪，为什么擅长？我们的目的不是消除消极情绪，而是加强我们调节、控制情绪的能力，将情绪导致的不良后果降到最低程度，同时将情绪带来的益处发挥到最大限度。我们要学会调整自己的情绪，在别人的帮助下调整自己的情绪，还要帮助别人调整他们的情绪。

马克是潜能开发项目组的负责人，他们的主要业务是"走火"，就是在草皮上铺上燃烧的木炭，让人赤脚从上面走过去，目的是帮助参与者学会领悟并调整他们的情绪，并接受别人的帮助，以消除自身的恐惧。潜能开发项目组的一个大客户是 EMC 公司。我采访马克时，他说：

> EMC 知道他们的销售人员在最终做出业绩之前，一定会经历许多次失败。他们也知道，光告诉他们"不要害怕失败"，或者让他们自己说"我可以克服对失败的恐惧"，作用较为有限。所以我们用火设计了一个场景，因为火是最原始的恐惧。其实那些销售人员不一定非要从火上走过去，我们关键是

想让那些已经从火上走过去的人鼓励其他人踏到火上。结果 95%～99% 的人都走过去了，最差的情况是受伤，受伤的最严重程度是脚上起一个硬币大小的水泡，而且只有几个人受了伤。他们从水泡中意识到，原来我一直很怕这个东西，没想到最惨的情况也就是区区一个小水泡，早知道这样我们来回多走几遍也没什么可怕的。

朱莉对"走火"项目的总结是，只要勇敢地走上去，就绝对不会受伤，走过之后，你不仅会克服对火的恐惧，而且能够克服对人生其他方面的恐惧。这项活动可以促进员工对情绪的领悟能力和调整能力，凸显帮助他人的重要性。马克在"走火"项目上有过失败的经历：

EMC 要在佛罗里达的博卡拉顿召开全国营销人员大会，参会人数大约 200 人。"走火"一般是在晚上进行，因为晚上的气氛能够渲染戏剧效果。以前我们都使用同一种木材和同一种草皮，但佛罗里达那次没用。去之前，我们不知道那里没有橡木，也没有肯塔基草皮，当地只有百慕大草皮，草下面只有薄薄一层土。我原来以为这些都不重要，所以根本没有考虑。那一天，我们"走火"的时间是烈日当头的正午，气温大概是 95 华氏度，可以看到柏油路面上的沥青冒着热气。"走火"时，一般是我第一

个走上去，然后是部门经理，接着是公司的全国销
售经理。第一步踏上去的时候问题不大，迈第二步
的时候，我就觉得不对劲了，因为这一次的炭比以
前都烫，感觉脚底下的肉都要熟了。我赶紧加速跑
过去，发现脚底下剧痛难忍，几乎晕倒在地上，可
是这时我也不知道该怎么办。还没等我反应过来，
我看到部门经理也踏了上来，后面是全国销售经理，
就是他把我招进这家公司的。从他们的表情可以看
出，他们双脚的感觉跟我一样。我急忙拦住后面的
人，说："别走了，撤掉吧！"我终止了这次活动。
后面发生的事情我记不大清楚了，但我知道情况很
糟。我看到脚上起了一个直径有 5 厘米大小的水泡，
大概是二级或者三级烧伤的程度。部门经理和全国
销售经理也是一样。全国销售经理看着我说："我现
在要去打高尔夫，回去之后我们再谈。"然后痛苦地
穿上鞋走了。

我们来到机场，在 8 名团队成员的轮流搀扶
下，我一瘸一拐地走到了候机厅，中途还看到了
EMC 的人，当时我真想找个地缝钻进去。回到家，
医生说："有点严重，近期内最好不要再去'走火'
了。"当时我的感觉是，这一行，我基本上是混不
下去了。

我去见全国销售经理时，以为他肯定会冲我大

发雷霆，结果没有。他说："你知道怎么回事吧?"我说："嗯，知道。"于是我解释了这次活动失败的原因，包括草皮、木炭、地面以及时间，各项因素加起来，导致木炭太烫。他说："下一次你知道应该怎么做吗?"我说知道。但这时我已经不想干了，我当时最不愿意做的事情就是再次走在燃烧的木炭上，因为我根本没法走，难道让我贴一大块创可贴走过去吗?我希望他赶快炒掉我，这样我还可以清静清静。但是他却说："下个星期有一批欧洲人要去佛罗里达，他们已经知道我们上一次搞砸了，但是我们还要继续走，你必须做好充分准备，确保万无一失。这一次我还会去，而且还要上去走。"一周后，我步履蹒跚地再次来到佛罗里达，这一次我们带了自己的橡木，把时间从中午改到了晚上。那天，我依然很害怕，担心出现差错。当我走过三米半的木炭时，脚底下没有感觉到烫，原来的伤口也没有碰坏。之后，全国销售经理和250个欧洲人都走了过去。从那次受伤之后，我和我的团队已经让1万多人走过了炭火。

从佛罗里达的那次失败经历中，马克对自己的情绪有了许多认识，也学会了如何控制他的情绪。虽然他脚上的烫伤还没有痊愈，但他克服了恐惧感，安全走过了炭火。那位全国销售经理在这次经历中表现出了较高的情商水平。他一定非常生气，在客户面前抬不起头，而且担心马克下一次还有可能搞砸，让自己脚上再烫出几个水泡。但是他竟然控制住了情绪，而且做出了再次亲自"走火"的重要决定。他容忍了马克和自己的失误（也许是他自己把活动时间安排在中午，因此可能负有领导责任），还提醒马克吸取教训。他为整个公司做出了榜样，用自己的行动告诉全体员工，跌倒了不要紧，还有机会，关键是要爬起来继续往前走。

"走火"活动的核心主题是强调互相支持、共同经历，目的是把团队成员聚集在一起，让他们在精神上互相鼓励、互相帮助。在同伴害怕失败、讨厌受伤的情况下，你跟他交流的时候可以感觉、理解并试图控制他的情绪，今后把你从别人身上习得的这种感知能力运用到自己身上。

EMC 用"走火"的方式帮助员工提高情感智力水平。全国销售经理和马克在项目失败时的表现以及两人处理问题的方式和方法，充分体现了两个人的情商水平，并体现出公司鼓励员工互相支持、克服困难、主动学习的企业文化。提高情商水平，可以更加有效地控制我们的情绪（包括求助他人来帮助自己调整情绪），更加积极、有效地在失败中锻炼自己。

实践要点

- 善于观察，勤于思考，提高信息搜寻和解读能力以及学习能力。

- 如果仅仅采用反思战略或恢复战略，一段时间之后，感知能力便由强变弱。交替采用两种战略，可以扬长避短，达到最佳的学习效果。

- 项目失败后，团队成员一般都很难过。他们采用情感控制战略来分析失败原因、总结失败教训时，效果取决于情商水平的高低，情商高的人可以自由驾驭两种情感控制战略，交替使用，游刃有余。

- 情商可以提高。通过促进情感智力的发展，我们可以强化自我意识，提高自控能力。

- 利用团队成员的支持与帮助，弄清失败原因，吸取失败教训。互相帮助的效果也取决于自己和他人的情商水平。

结论

本章强调要学会控制失败情绪、学会利用社交资源帮助自己弄清失败的原因。情商水平较高的团队成员能

够感知并合理利用自己的情绪，还能灵活运用情感管理
战略来搜寻信息、解读信息，从新获得的信息中学习知
识和经验。他们还能敏锐地感知、辨识他人的情绪，并
利用感知到的情感信息帮助别人控制情绪。公司应组织
提高情商水平的培训活动，帮助员工克服对失败的恐惧
感，帮助他们在失败后总结经验和教训，并鼓励他们失
败后不要气馁，应勇敢地再试一次。

成功就是无数次跌倒，又无数次爬起来的精神和毅力。

——温斯顿·丘吉尔爵士

命运有时候会跟你开个玩笑，不要因此失去信念。

——史蒂夫·乔布斯

如果你听到坏消息时没有泄气，而是把它当作改变自己的机会，那么你永远也不会被它吓倒，而且还能从中得到锻炼。

——比尔·盖茨

第六章　千锤百炼，百折不挠

　　前面的内容讲的都是面对一次失败时，应如何控制情绪、如何总结教训，我已经列举了从失败中学习知识和经验的方法。如果失败后有勇气继续往前走，你可以用这些方法来增加今后项目成功的可能性。在某些公司或某些工作岗位上，失败可以说是家常便饭，人们面对的不是一次失败的经历，而是连续遭遇失败的情况。如果你意识到你做的事情有可能不会成功，意识到你有可能面对失败的结局，那么你应该如何保持对工作的热情和投入呢？

　　你在一个项目上投入的时间、精力和情感越多，项目失败的可能性就越小，但如果项目失败，你会非常难过。如果投入得少，项目失败后你可能不会太难过，但项目失败的可能性会增加。为什么有的人能够在项目上倾注大量的心血，项目失败后，还能够在较短的时间内恢复精神，同时又能从失败的项目中学到许多东西呢？为什么有的人从此一蹶不振，或者需要恢复很长时间，而且以后还不吸取教训呢?

付出与回报

　　无论什么形式的项目，要想成功，项目负责人、管理人员及工作人员必须有所付出。每个项目都是从一个想法开始的，如果我们能够投入热情，就能产生有创造力的想法。以艾迪的项目为例。艾迪在 SEM 体育用品制造公司工作，他特别喜欢滑板、直排轮滑和越野滑雪。他对这些运动的兴趣和知识让他萌发出一种灵感，于是他设计了一种滑雪踏板车。车的主体是一块能够活动的滑板，下面安装了三个轮子，一个在前，两个在后。玩的时候，一只脚踩在车上，另一只脚要像越野滑雪那样不断重复蹬地动作。滑雪踏板车的驱动完全靠腿，如果路面较平，最快速度可达 72 公里/小时。

　　项目设计得再好，也可能出现差错或者遇到障碍，这个时候需要毅力和决心去克服困难。决定是否有毅力和决心的一个主要因素就是我们对项目的投入力度。如果不用心，项目很可能做不成。艾迪对自己的项目很上

> 如果不用心，项目很可能做不成。

心，虽然 SEM 公司的高层对他的设计没有把握，但他还是说服公司投资 15 万美元生产了一批样品，并对新产品进行了综合测试。艾迪十分兴奋，兴高采烈地拿着滑雪

踏板车到滑板店去推销他发明的这种产品。第一家滑板店对他的产品没有兴趣，第二家也没兴趣，艾迪走了50家店，没有一家愿意帮他卖。艾迪不甘心，他对自己的设计很有信心，坚决要推广他的发明。于是他又去卖自行车的商店推销，结果还是没卖出去。正在艾迪焦急之时，一家大型滑雪用品连锁店对他的产品产生了兴趣，因为他们的顾客都是越野滑雪爱好者，只在冬季光顾，所以他们想在其他季节销售艾迪的产品，以填补淡季的销售额。

在项目实施的过程中，尽管团队成员为项目付出了大量努力，但也有可能出现没有任何回报的情况。也许市场没有想象得那样成熟，也许科技的力量没有完全发挥出来，或者竞争者已经抢占了先机，这些都可能导致项目失败。在艾迪的案例中，由于蹬踏滑雪踏板车的人施加在车体结构上的力量太大，导致车体有可能变形或出现裂缝。虽然工程技术人员采取了一些加固措施，但仍然没有彻底解决这个问题，于是公司取消了艾迪的项目。不管项目为什么没有做成，为项目付出过努力的工作人员在听到取消项目的消息时，都会有若有所失的感觉。他们可能失去了对未来产品或市场的情感依托，可能失去了对自我的认同感或个人在集体中的位置，也可能失去了与团队中某个重要人物共同工作的机会。艾迪本来梦想着有一天他走在街上的时候，许多小孩踩着他设计的滑雪踏板车从他身边疾驰而过，但现在他的梦想破灭了，他很失落，跟他一起工作的团队成员都很难过。

团队成员对于他们付出过努力的项目都有一种依恋感，一旦项目失败，他们会很难过，就像失恋一样。英特尔集团高级副总裁虞有澄（Albert Yu）的一段话可以很好地解释团队成员与项目之间的亲密关系。他在职场上遭遇失败的时候，能够感知到自己的情绪变化，能够控制住自己的情绪，还能把失败的经历看成一次很好的学习机会。

　　……1994 年，奔腾处理器的那个缺陷让我们经历了一次惨败，我们从头到尾体会了一次完整的痛苦过程，从被拒绝到失望，从怨恨到接受。开始时，我个人和整个公司都走到了绝望的边缘，但我们最终还是缓了过来，还创造了一次历史性的逆转。自从那次失败后，我进步了许多，成长了许多。我们加快了技术论证的速度，完成了从以产品和技术为导向到以客户为导向的转型。我们感到了危机，于是我们理顺了公司运作的流程，扫清了阻碍公司发展的内部障碍。

前文已述，消极情绪干扰信息搜集、影响信息解读、降低分析能力，最终导致学习效果下降。如果隐藏在失败背后的原因非常复杂，则由于情绪的干扰，失败者可能根本无法从失败的经历中学到任何知识和经验，而且他在今后工作中克服困难的决心和动力也会减弱。

霍莉在劲量电池制造公司找到了新工作，负责电池剩余电量指示器的新产品上市和推广工作。这种安装在电池上的新产品对电池市场来说几乎是一场革命，但是研发工作不太顺利。在公司高层做出新产品上市的最终决策前，研发部经理来到霍莉的办公室，说这个指示器还存在一个问题。霍莉回忆说：

> 如果电池电量大于10％，指示器可以正常工作。如果低于10％，指示器很快就会灭掉。拜托，我们的电池叫劲量哦，即使剩下10％的电量也应该能坚持很长时间才行，指示器怎么能说灭就灭，电池怎么能说没电就没电呢？研发部的人说，从技术上来看，指示器的精确度很高，只是不能坚持到最后。我彻底崩溃了，五年前我来到这里就是为了这个项目，但现在我只能告诉公司领导，这个产品不能上市。

劲量公司总裁得知这个消息后对霍莉说："这不是你的问题，不是你的错，是技术上的问题。当初之所以让你负责这个项目，实际上是因为你很有激情。如果我们解决了最后这个技术难题，然后让新产品成功上市的话，也归功于你的工作激情。虽然我从你的脸上可以看出你很难过，但我希望你最好不要让别人看出你内心的痛苦，因为你的激情是一面旗帜，一旦这面旗帜倒下，你的团队就失去了方向和动力，所以我希望你明天来的时候，就当什么事都没有发生过一样。"霍莉把总裁的这段话看作一段"精彩的励志演讲"。

之后，公司重组了电量指示器项目团队，解决了营销部门与研发部门之间的沟通问题，攻克了最后的技术难关，把剩余电量指示器推向了市场。霍莉认识到："个人情绪很可能成为成功路上的绊脚石。总裁看出了我绝望、苦恼的情绪，并帮助我迅速走出了困境。研发团队没有必要难过，因为他们不知道那个技术故障对消费者来说意味着什么，对我来说意味着什么。"总裁希望霍莉放下包袱、全情投入到项目实施上，但一面消除负面情绪、一面维持工作热情是很难做到的。

"淡化"失败

任务分解

失败的后果如果很严重，就需要我们处理很多复杂的问题，这时我们可以把复杂的事情分解成若干简单的工作，每完成一件简单的工作，我们就可以把它当作一

次小小的胜利，这样可以帮助我们恢复对自己和团队的信心，在下一项难度稍大的任务面前正常发挥我们的能力。其实，我们教小孩识字、打篮球、游泳都是一个从简单到复杂的过程。教孩子读书时，我们一开始给他看的书都很薄，图很大，字很少。教孩子打篮球时，一般都是先让他拍球。教孩子游泳时，都是让他们先把脸放进水里练习憋气。我们不会一开始就让孩子读《战争与和平》，不会先让他们练习后仰投篮或者花样游泳。教小孩子看图、拍球、憋气，可以让他们感觉到自己做成了一件事情，自己可以独立完成一项任务，并且可以成功地完成下一项更加复杂的任务。他们只要对自己的能力有信心，就能在要学的东西上坚持更长的时间，他们学会这项本领的可能性就更大。相反，如果将游泳的要领一股脑地告诉孩子，然后把他们扔到水里不管，他们呛了几口水之后，信心可能就会动摇，不想再学习游泳，甚至不愿意下水了。

把复杂的问题简单化，固然是个好办法，但有时很难简单化，很难把一项任务分解成若干步骤。比如高空跳伞特技表演，可以把许多套动作组合分解成简单的单个动作，但要想完成这些动作，必须从飞机上跳下去，而跳出飞机这个过程是无法分解的。同样，艾迪也很难分解他的项目，要想知道人们会不会喜欢他设计的滑雪踏板车，他发明的产品会不会流行，必须先制造出一批产品来，没有别的办法。此外，完成简单的初始步骤，也许不会引起我们的关注。两三岁的小孩子可能会对在水里吹泡泡有兴趣，但成年人恐怕会觉得没意思。艾迪在推广产品之前，没有兴趣对产品的潜在需求做基础性的调研，他开始时没有锁定目标客户群体，没想到越野滑雪爱好者在夏天时可能会对他的滑雪踏板车感兴趣。由于对简单重复性动作没有兴趣，所以大脑就不会搜寻、处理更多的信息（见第五章"提高情商，互相支持"），大脑兴奋不起来，就有可能厌烦或者放弃。

有意义、有价值的失败经历

虽然有些事情无法分解成多个步骤，但我们可以设法让失败变得有意义、有价值。如果某个项目满足以下几个条件，团队成员就有机会从失败中得到锻炼。第一，项目必须是经过精心策划的，项目失败后，团队成员可以有针对性地详细分析实施方案是否合理，以便吸取经验教训。第二，项目的结果必须是不确定的，也就是说，项目必须有成功的可能性，至少在立项的时候能看到这种可能性。这样，我们在分析项目失败的原因时，就可以解释为什么我们的预期与实际结果不一致，以便在今后的项目中减小类似的不确定性。第三，项目规模不能太大。从失败中学习经验是件好事，但代价不能太高，

也不能无关痛痒，至少项目的结果会引起我们的注意。第四，不能将自己的情感掺杂到项目中，对项目失败的结果也不能产生任何负面的情绪反应。第五，项目所属的领域应与你的知识背景相符，这样你才能够从失败中发现新的、有用的信息。

以上各个要素的关键，是不能对失败的结果产生负面的情绪反应。西南航空公司前任首席执行官吉姆·帕克（Jim Parker）不仅自己在面对失败时没有情绪反应，而且还能让员工在失败面前不产生消极情绪。他说：

> 就职业的性质而言，我实际上是一个律师，打官司有输有赢。我不能说我从败诉的官司中学到了更多的东西，除非我之后能够打赢类似的官司，拿到我的提成。当律师，心态很重要，不能将或多或少的情感掺杂到诉讼中，否则很容易迷失方向……作为公司的首席执行官，我鼓励员工发挥自己的最大能量，如果尽力了，但仍然没有做好，那么没关系，总结经验之后继续努力。这种管理策略可以鼓励员工大胆决策、积极开拓。如果冒险没有成功，要接受事实，然后找出错误。这样企业才有活力，才有发展。

如果你能把失败看作一件平常的事，或一套生产工艺中的一个流程，把它当作家常便饭，那么你对失败的结果就不会产生任何情绪。具体来说，要消除产生负面情绪的刺激因素，或降低这些因素的刺激程度，要对失败产生的威胁、后果、代价"麻木不仁"、"无动于衷"。Google 联合创始人拉里·佩奇（Larry Page）在这方面是个榜样，他告诉员工在面对失败时没必要沮丧，甚至应该感到高兴。例如，Google 副总裁莎里尔·桑德伯格（Sheryl Sandberg）曾经犯过一个错误，给公司造成了几百万美元的损失，所以她觉得很难过。但佩奇指出她的错误时，却很高兴，因为他觉得出现错误表明公司正在迅速发展，这种飞跃式的发展自然要冒险，这正是他想要的公司，正是他希望看到的发展势头。

　　要把失败看作吃饭、喝水一样正常，要在失败后没有任何情绪反应，需要反复遭遇失败才能达到这个境界。反复遭遇失败会逐渐削弱消极情绪反应程度，这个过程称为"去敏感化"。如果失败一次比一次惨，一次比一次

> 反复遭遇失败会逐渐削弱
> 消极情绪反应程度。

大，则预料的失败结果与实际失败结果之间的差距会逐渐变小，对失败的敏感性便逐渐消失。反复遭遇失败后，失败就是一件很平常的事情了。之后在面对极不愿意做的工作任务时，不会因为害怕失败而中途放弃，也不会因为害怕失败而影响工作能力。

　　凯西是 ToyCo 公司的研发部经理，负责开发、测试新玩具和新游戏。公司成立至今，只有 10％的新产品能

够在市场上销售，只有极少数几个产品能够热销。凯西刚到公司的时候，她把全部的时间、精力和智慧都投入到了一个棋盘游戏开发项目中，三个星期内，她花了 2.5 万美元，然后公司突然终止了这个开发项目，凯西很难过。很快，她又开始忙下一个项目，可是下一个项目又失败了。从入职至今，她已经经历了几百次失败，似乎失败已经成为常态，而成功反倒不正常了。最近，她负责了半年多的一个项目，在花了几十万美元之后仍然无果而终，但她几乎一点感觉都没有。在这个竞争激烈、市场瞬息万变的行业里，项目失败实在是太正常了。所以，凯西不会再因为失败而沮丧，当她负责的一个项目失败后，她会立即把所有的精力转移到下一个项目上。

对于大多数人来说，工作中遭遇失败是一件很不愉快的事情。淡化失败，可以保持在今后项目中的创造力，消除负面情绪对学习过程的干扰。凯西的一个同事科里就不会处理失败产生的消极情绪，每次失败他都懊恼不已，因此公司领导觉得这样一个情绪敏感的人不适合负责研发项目，他的情绪化反应严重影响了他的工作表现。

淡化失败存在两个问题

工作中如果太不在乎失败，以至于到了无关痛痒的程度，也不利于我们成长。

第一，淡化失败，可以消除负面情绪，但对有些人来讲，这也许是一种损失。凯西对项目失败没有产生消极情绪，或者说她已经消除了这种消极情绪，消除了干扰学习的障碍。但当她把本应产生消极情绪反应的失败事件转化为无关紧要的中性事件后，失败就失去了情感意义。抹杀了失败的情感意义，遭遇失败时就不会感觉到失去了一些重要的东西，失败者就没有迫切地想知道失败原因的意愿。

如果失败没有引发情绪反应，那么对失败本身的关注度就会降低，由于注意力转移到了其他任务和活动上，所以搜寻、解读有关失败原因的信息的活动就会减少，结果导致学习效果下降。情绪和感受可以提示我们发生了某件重要的事情，督促我们拿出一部分精力搞清楚事情的原因。情绪是一把双刃剑，我们必须认识到它对于个人成长的利弊。

例如，虽然凯西的同事科里遭遇失败后十分气馁，但这种情绪反应能够将他的注意力集中到分析失败原因上，他可以搜索有关项目实施的各种信息，然后认真分析这些信息，以便对失败的经过有更加清楚的认识，从而在今后类似的项目中避免发生同样的错误。凯西对失败的项目没有情绪反应，她能够在最短的时间内把自己的心思转移到新的项目中去，所以她几乎不会反思为什么上一个项目会失败，无法从失败中学到知识和经验，所以今后有可能还会犯同样的错误。

第二，情绪也是一种资源，对于一个项目来说，既有资源输入，也有资源输出。消除失败产生的消极情绪，即减少资源输出，这会限制情感资源的投入。消除了项目失败的情感意义，同时也可能失去对创造力和坚持力的情感意义。投入到项目中的情感少了，创新的激情便会减弱，对项目成功的渴望也没有那么强烈了。一旦项目负责人和团队成员投入到项目中的创造力和精力减少，项目的业绩势必会受到严重影响。

珀尔·巴克（Pearl Buck，美国作家）下面的这段话说明了情感对创造力的重要性：

> 最具创造性思维的人大都天生就很古怪，他们没有人类通常的想法，他们的情感似乎不通人性。在他们眼里，噪音就是音乐，失误就是悲剧，愉快就是狂喜，朋友就是情人，情人就是上帝，失败就是死亡。他们的情感细腻而丰富，创作就是他们的天职，他们如果不作曲、不写诗、不画画，或者不创造一些有意义的东西，他们就会停止呼吸。他们必须创作，必须把自己的创造力发挥出来。他们有种奇怪的、不可名状的内在冲动，他们觉得如果不创造一些东西，还不如死去。

如果让这样一个人消除失败产生的消极情绪，一定会禁锢他的创造力，扼杀他的灵魂。凯西现在对失败已经麻木了，没有任何知觉，后果是她对新项目的策划和管理所投入的情感资源量急剧减少，因此新项目遭遇失败的可能性大大增加。

我们可以把凯西对待失败的态度看作医生对待癌症病人的态度。凯西可以消除对失败的敏感性，医生可以消除对死亡的敏感性。在医生眼中，死亡只是一组数据。这种态度看似冷酷无情，但也许是医生保护自己心灵、避免过度悲伤的一种方式。医生的这种心理保护机制与凯西将失败平常化的行为一样，问题是医生不拿病人的死活当回事，容易导致去人格化，容易丧失人性。如果医生对病人的死活不敏感，失去对病人的人性关怀，他们就不会与病人及家属进行过多的交流。一项研究表明，去人格化的医生与病人和家属交流时，会表现出消极、冷淡甚至排斥的情绪，他们的这种情绪和行为会影响治疗效果，不利于病人康复。

调整情绪

失败会产生消极情绪，我们不一定非要消除这些情绪，而是可以调节我们的情绪。如果失败的后果很严重，损失很大，我们的消极情绪一般会比较强烈，这时，我们的情绪就需要调节，以应对眼前失败的局面。下面将

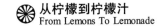

说明如何有效地调整情绪，如何冷静地反思错误，如何维持动力、保持激情。我们不仅要总结失败的经验教训，还要保持工作的活力，在今后的项目中继续投入情感资源。

处理问题的能力

人们受到伤害或遇到挫折的时候，会有不同的反应。有些人能够很好地处理，有些人却应付不来。遭遇失败时，往往需要用思想和行为去处理一些问题，如债权人、客户或股东方面的压力。这些问题既是外部的，又是内部的，解决了外部问题之后，自己内部的焦虑、忧愁、苦恼便迎刃而解、烟消云散。当你意识到某件重要的东西受到威胁或已经失去的时候，处理问题的过程就会启动。这里所谈的情况是，由于项目进展不妙而被迫终止时，我们需要处理的问题。

我们在做出某个行为之前，一般会考虑实施这个行为是否在我们的能力范围之内。如果你对完成某个项目有信心，你会对这个项目投入很多的时间和精力，项目成功的可能性会大。面对项目失败时也是一样，如果你相信你能够处理好项目遗留的问题，能够摆平一切不良后果，那么你圆满完成这个任务的可能性也会很大，即使处理好这些问题需要付出一定的成本或代价，你也能很好地完成这项具有挑战性的工作。这里我们要讨论的是失败和情绪的调节，因此我们的关注点是处理问题的能力，即调整由失败引发的消极情绪的能力。科里处理失败问题的能力就比较弱，他知道面对失败时应当如何控制自己的情绪，但也知道自己控制情绪的能力很差，所以他觉得自己无法面对失败，无法处理遭遇失败后的一系列问题，所以下一个项目再次失败的威胁在他头脑中不断放大，使他更加紧张、焦虑。由于项目最终的结果不能确定，所以项目可能失败的想法总是威胁着他，于是科里开始预测、想象项目失败时自己情绪受到重创时的情景。不能妥善处理失败问题的人总是担心项目失败会导致许多不良后果，他们也想消除头脑中的这些想法，但他们无能为力。

艾迪坚信自己能够处理好失败产生的问题，能够从失败的经历中得到锻炼。跟科里不同，他不去想项目的不确定性，不考虑项目失败的后果，也不考虑项目失败对自己的打击，他没有任何思想上的包袱。艾迪觉得对情绪有足够的自控能力，能够摆脱消极情绪的干扰，并且能够在后续项目中保持激情和信心。

比奈特等人对美国一场巨大飓风灾难的幸存者进行了调查，他们发现，幸存者对于处理灾后问题的信心是决定灾难是否会导致长期痛苦的关键因素。对自己处理灾后问题很有把握的人，即那些有信心能够渡过难关的人，能够在较短的时间内从灾难的阴影中恢复过来；而那些对自己应对困难的能力没有信心的人，很可能在灾后相当长一段时间内承受心理上的痛苦。艾迪的情况进一步验证了这项研究的结论。他觉得失败不是多么严重的事情，不会带来多么严重的后果，他没有太大压力，并未忧心忡忡地担心可能的损失，他能够控制好自己的情绪，并且能够在较短的时间内从失败中获得知识和经验。

由于人们处理失败问题的能力不同，所以有些人能够有效地从失败中吸取经验和教训，能够在失败中完善自己。能够妥善处理失败问题的人，往往能够缓解或消除预测到项目失败时的心理压力，在项目失败后轻松控制自己的情绪，然后自觉地总结失败的经验和教训。有能力应付失败局面的人，不会让消极情绪干扰自己分析失败原因的过程；而没有能力应付失败的人，会夸大自己的消极情绪，增加自己的心理压力，这会严重影响从失败中获得知识和经验的效果。科里不太懂得如何应对失败的局面，他的焦虑和压力严重干扰了他分析失败原因、总结失败教训的心理活动，所以他很难从失败中取得进步。

有能力处理失败问题的人，在失败后情绪控制得越好，学习效果就越好。但情绪控制也有一个度的问题，过度控制自己的情绪会影响处理失败问题的能力，导致学习效果下降。

正确面对、适当控制失败后产生的消极情绪，不仅可以提高从失败中学习知识和经验的效果，还可以让自己有信心在今后的项目中继续投入情感资源。一旦清楚自己有能力应付项目失败的局面，就敢于在工作中大胆发挥，敢于在下一个项目中继续投入必要的情感资源。尽管艾迪清楚他设计的滑雪踏板车风

> 一旦清楚自己有能力应付项目失败的局面，就敢于在工作中大胆发挥。

靡全国的可能性不大，但他还是能够全情投入到项目运作中。他心里有数，如果自己的产品卖不出去，一定会很难过，但他相信自己有能力克服情绪上的障碍，有能力迎接新的挑战。可是科里不愿意在今后的项目中再投入情感资源，也不愿意投入过多的时间和劳动，所以他不能胜任今后的工作，最终离开了公司。

遭遇多次失败后，失败所产生的消极情绪的强度不一定会减弱，只是消极情绪持续的时间没那么长了，痛苦的煎熬很快就过去了。《商业周刊》采访前硅谷创业者协会主席尼古拉斯·霍尔时问道："你经历过许多次失败，是不是到后来失败对你已经没什么影响了？"霍尔回答："准确地说，失败对今后的工作不会造成心理上的影响。我很快就能摆脱失败的痛苦，走出失败的阴影。打

起精神，重新投入工作是最重要的。时间长了，我就发现失败是创业道路上很正常的事，就像小孩学走路时会摔倒一样。"

处理失败问题的能力只是针对失败后会产生消极情绪的人说的，对于那些能够淡化失败的人来说，项目失败不会产生消极情绪，所以他们不需要调整情绪。我们不知道凯西处理失败问题的能力到底是强还是弱，其实不管是强是弱都没有关系。既然项目失败不会产生消极情绪，她也就不需要运用或试图运用自己处理失败局面的能力。因为失败对她的情绪不构成任何威胁，所以她就没有什么需要处理的问题。

综上，我们可以看出，对于像科里那样不善于处理失败问题的人，可以把失败看成很平常的事件，以此来加强自己从失败中学习知识和经验的效果，并保持自己在今后工作中的激情。对于像艾迪那样非常善于处理失败局面的人，应适当调整情绪，以强化学习效果、保持工作热情。但是这个简单的结论需要一个假设前提，即处理失败局面的能力是与生俱来、无法改变的。其实这个假设不成立，在实际生活中，科里可以培养自己处理失败局面的能力，可以变得像艾迪一样。

下面将讲述如何提高处理失败问题、调整失败情绪的能力。心理学家早就发现与别人交流有助于失败者分析失败的原因（见本书第五章），特别是与互助团体内的伙伴沟通或者在葬礼等仪式或场合上沟通，效果更加明显。如果再次遇到项目失败，你和你的团队成员可以尝试与互助团成员沟通或者在纪念失败的特定场合上与别人沟通，达到排解忧愁、调整情绪的目的。

与互助团成员沟通

互助团是实现社会帮助的常见形式，组织者或领导者一般是遭遇过重大挫折并成功克服了失败情绪的人。他不一定是心理学专家，他的角色也不是咨询师或治疗师，他的主要作用是组织、引导互助团成员之间的讨论。成员之间互相交流，可以将自己的想法、感受和应对战略与大家分享，大家可以对你的想法和策略提供参考意见，同时可以在情感上互相给予支持。互助团这种形式成本低、风险小，成员可以接受来自他人的帮助，学习处理问题的技巧，并获得迎接挑战的信心。

本章前面讨论过医生的去人格化行为，他们漠视死亡的态度所导致的负面后果对于病人的康复十分不利。一项对816名肿瘤病人护工的调查显示，接受同事帮助的护工应付工作中出现的情感问题的能力较强，他们对病人的态度没有变得冷漠。

人们很容易把互助团想象成随时都有人死去的收容所内的小团体，但公司内部的互助团体并不是这样的。

公司内的互助团帮助员工处理工作场所以外的、影响员工工作表现的实际生活问题。例如，公司内有戒酒互助团、婚姻家庭问题互助团、丧事互助团等。有些公司也有帮助员工处理工作问题的互助团，例如有的公司已经建立了帮助员工适应社会及公司巨大变化的互助团。

互助团可以帮助成员锻炼自己处理失败问题的能力。科里离开 ToyCo 玩具公司后来到了 SEM 公司，SEM 公司的新项目成功率跟 ToyCo 公司差不多，但科里来到 SEM 公司后参加了艾迪组织的互助团，这个互助团的主要目的是鼓励大家从失败的项目中认真总结经验教训，科里和其他成员学习了艾迪面对失败时的态度和处理失败问题的技巧。科里认识到，只要有决心、有毅力，就能够解决自己面对失败时的情绪问题；同时，科里在互助团里还感觉到自己能够从失败中得到锻炼，能够把失败转化为促进个人成长的机会。总之，互助团帮助科里提高了处理失败局面的能力，增强了他从失败中学习知识和经验的效果，并保持了他对未来工作的热情。

项目失败后，如果觉得很难过，可以向组织内已有的互助团寻求帮助，或者可以自己创立互助团。自从艾迪在 SEM 公司建立了第一个互助团以来，公司内先后成立了五个互助团体，这些团体不一定是正式的，不一定必须经过成立仪式才算存在。例如，一位食品加工企业的老板在意识到自己的企业即将破产时，邀请当地几名遭遇过失败的企业家一起吃午饭，这样的午餐会也可以看作是一个互助团。食品加工企业的老板后来说："与他们交流之后，我起码知道接下来可能会发生什么情况。一个人说银行方面和担保债权人那里有些问题需要处理，还有一个人说他已经恢复了元气，这仿佛给了我重生的希望。"

纪念失败的仪式或场合

说到仪式，人们会想到宗教。宗教仪式是指按照一定的文化传统，以标准化的方式和行为来消灾免难或表达共同愿望的过程或程序，如亲人去世后的葬礼，就是一种安慰生者的宗教仪式。葬礼具有象征意义，生者在葬礼中可以清楚地意识到失去亲人的事实，亲眼目睹与自己有同样感受的人的悲伤表情。葬礼可以显示出逝去的人对周围人的影响力，同时也明确地提醒活着的人，在逝者离去后，生者将继续存在下去。

为去世的亲人举行葬礼，对于生者来说是一种安慰。同样，公司濒临或已经倒闭时，举行员工告别会，对于员工来说也是一种安慰，告别会可以见证他们失去了一些重要的东西，可以为他们提供展望未来的机会。下面这段哈里斯和萨顿的话表明，员工告别会是一项正式的社交活动，告别会结束后，员工之间的社会关系即告

终结。

一个企业的倒闭，意味着一个具有共同责任和义务的重要社会网络也将随之消失，员工曾经一起共事的社会活动场所将失去原有的意义。失去了这么重要的东西，心情必然有些沉重。员工会忧伤、愤怒、失落、痛苦或茫然。他们不知道未来会发生什么事情，对眼前发生的事情也不太肯定，因此他们有些害怕。导致企业倒闭的事件以及企业倒闭的事实使员工陷入沉思，他们迫切地想弄清楚事情发生的原因和经过。

告别会对于员工来说是一种情感支持，员工在告别会上的下列行为有助于他们调整自己的情绪：

- 交换电话号码和邮件地址。
- 承诺保持联系。
- 吃饭、喝酒。
- 表达伤感的情绪。
- 表达愤怒的情绪。
- 邀请以前的同事参加告别会。
- 讨论各自的未来。
- 互相告诉对方，公司真的倒闭了。
- 讨论、分析公司倒闭的原因。

- 讲述共事的经历。
- 合影留念。

其实，告别会不应该像葬礼那样沉重、悲痛。下面是某个即将宣告破产的公司的告别会邀请函。这封邀请函告诉我们，应该以愉快的心情去吃散伙饭。

> 告别会应该是我们共同追忆曾经的辉煌、曾经拥有的场合。我们都愿意与曾经共事的人一起回忆过去的点点滴滴，在我们并肩战斗过多年的地方，我们共同走过了风风雨雨，共同经历了欢乐与悲伤。如果您不能参加，请考虑给我们写一封信，讲述您在这里亲身经历过的逸闻趣事。

公司倒闭或项目失败后，公司员工或团队成员对于遭受到的损失都会有消极的情绪反应。通过参加告别会等纪念失败的仪式或场合，员工可以获得情感上的支持，因为这些仪式或场合可以帮助他们处理失败带来的问题。某公司倒闭时，以鸣放礼炮的形式宣告公司的倒闭是一次"完美的失败"。还有一家公司设立了季度"最佳失败奖"，以严肃而活泼的形式鼓励创新时遭遇失败的个人和团队。海军陆战队为成功和失败都会举行庆祝活动，司令官每个月都会为在某个失败的项目中表现最佳的个人颁发鼓励奖。获奖者非常重视这个奖项，它提醒大家要

亲自动手、把握机会、积极发挥创造力。

所有的研发工作都有风险，要想获得成功必须经过若干次的尝试。管理人员的主要任务是引导、鼓励员工大胆尝试，具有学习效果或借鉴作用的尝试即使最终失败，也应该值得庆祝。

Intuit 公司为了吸引年轻客户，搞了一个以嘻哈文化为主题的网站，但是实际效果不像公司想象的那样，最后这个项目失败了。尽管如此，公司董事长斯科特·库克对项目团队在业务概念上的创新还是给予了高度的评价和表彰，因为他觉得只要公司能从项目中学到东西或者得到锻炼，这个项目就是好项目。在 Intuit 公司，每一个失败的项目都要经过大家的深刻剖析，以便员工在今后的工作中吸取教训。他们经常召开恳谈会，让员工体会项目失败的痛苦、了解项目失败的原因。

在公司为项目失败组织的恳谈会上，员工可以互相交流，互相给予情感上的鼓励和支持，他们可以听听别人对失败有什么样的感受，别人是如何有效控制消极情绪的。大家可以畅所欲言，自由、充分地表达自己听到失败消息时悲伤、生气或失望的心情，可以讲述项目从立项到运作的各个阶段和各个细节，同时深入讨论导致项目失败的原因。遭遇项目失败的员工与别人交流，可以克服他们不愿意接受项目失败这个事实的抵触心理，将自己的注意力转移到寻找失败原因和吸取失败教训上来。在恳谈会这种纪念失败的场合上，遭遇失败的团队成员可以回忆他们以前遇到失败时是如何调整状态、渡过难关的。为失败或失去某些重要的东西而举行的仪式，有利于交流情感，有利于提高处理失败问题的能力，有利于在今后的工作中保持热情。因此，放礼炮、颁奖、吃散伙饭、举行恳谈会等纪念失败的形式，既能帮助遭遇失败的人提高自己处理失败问题的能力，又能帮助他们从失败中学习到更多的知识和经验。

尽管告别会、葬礼等仪式对于员工或失去亲人的人有一些积极的作用，但也可能带来不良后果。人们表达悲伤、愤怒等情感时，可能会越说越难过、越说越生气。所以，遭遇失败的员工在回忆过去的美好时光、分析项目失败的原因或表达自己的低落情绪时，也许会把注意力集中到前后情形的反差或现在的消极情绪上，这样会加重危机感，影响工作状态。所以最好在纪念失败的同时，引导遭遇失败的人采用心理恢复战术来调整情绪，这样可以避免他们对失败事实本身产生过多的想法，积极应对生活和工作中的其他问题。譬如，项目失败后，可以开展一次类似大扫除式的活动，把团队成员召集在一起，让他们整理与项目有关的资料和物品，以此来缓解消极情绪、减小并发压力、保持工作热情。

"淡化"失败情绪与"调整"失败情绪之间的区别

无论是积极情绪还是消极情绪,对吸取失败教训和保持工作热情都有影响。淡化失败,可以减少或消除由失败引发的情绪反应,从而减少或消除情绪对学习过程的干扰。但没有了情绪反应,可能会导致产生不重视失败事件的态度,这样的态度会影响学习过程。此外,如果消除了项目失败时的情感反馈,则会减少在今后项目中的情感投入,降低项目成功的可能性。

善于调整失败情绪的人,通过互助团与纪念失败的仪式或场合可以培养自己处理失败问题的能力,他们能够充分利用情绪对学习过程的促进作用;同时最大限度地减小情绪对学习效果的影响。如果能够处理好失败引发的消极情绪,失败对自己的威胁就会降低,自己在今后项目中继续投入情感资源的愿望就会更加强烈。运用调整战略的关键是锻炼自己处理失败局面的能力。

实践要点

■ 是否能够正确面对失败,取决于调整失败后情绪反应的能力。

■ 处理失败情绪的能力如果较低，适合采用淡化失
败的方法，不要把失败放在心上，这种方法不需
要失败者具有处理失败情绪的能力。处理失败情
绪的能力如果较强，或者能够培养这方面的能力，
则应充分发挥相应能力，积极调整失败情绪。

■ 可以在他人的帮助下，或者参加特定的仪式或场
合来培养自己处理失败情绪的能力。

■ 可以给自己定下原则，在头脑中形成某些观念，
比如失败是正常现象、必经之路、失败没什么大
不了，以此来提高使用淡化方法面对失败的有
效性。

■ 总结失败经验、吸取失败教训是很重要的过程，
要在今后的工作中继续保持情感资源的投入，将
学到的知识和经验应用到未来的实践中。

■ 处理失败情绪的方式会影响你在今后项目中情感
资源的投入量。投入的情感资源越少，项目成功
的可能性越小。

结论

失败是学习的机会。失败会产生复杂的情绪反应，

要想从失败中学到知识和经验，必须学会处理失败情绪。处理失败情绪的方法概括起来有两种类型，一是淡化失败、消除情绪反应；二是接受情绪反应，之后再做出调整。两种方法对于从失败中学习知识和经验各有利弊。调整失败情绪的方法取决于处理失败情绪的能力，可以借助互助团体或特定场合培养自己处理失败情绪的能力。

生命由无数段经历构成，尽管我们有时意识不到，但每一段经历确实都在帮助我们成长。生活的本质就是培养个性，所以我们必须认识到，我们遇到的每一段挫折和承受的每一次痛苦对我们人格的发展都是有益处的。

——亨利·福特（1863—1947）

第七章　以史为鉴，面向未来

　　如果我们能从失败中吸取教训，那么这一次的失败就是通向成功必不可少的步骤。许多人承认他们从失败的经历中学到的东西比成功多，但是从失败中学习知识和经验的能力不是与生俱来的。遭遇失败时，一般会产生消极的情绪反应，这种情绪会干扰学习过程，所以要想在失败中锻炼自己、完善自己，必须学会控制失败后的情绪。

　　失败有大有小，如果一败涂地，我们会特别难过，甚至一蹶不振。工作中，有些项目可以满足我们对能力、自主权和社会关系的心理需求，这些项目对我们来说非常重要，一旦失败，会给我们带来心理上的打击。项目越重要，打击越沉重。心理上的伤害会影响我们处理信息的能力，干扰我们的学习过程。

控制情绪的战略

有三种控制情绪的战略可以帮助我们达到最佳的学习效果。首先是反思战略，主要目的是还原项目失败的经过，弄清失败发生的原因。我们回想项目失败的经过时，会切断我们与项目之间的情感纽带，这有利于我们客观地分析失败的原因。但是使用反思战略存在一定的风险，如果我们总盯着失败的事实，一遍又一遍地回想失败的经过，我们的想法就很容易集中到失败后的情绪反应上，这会使我们更加难过，也会给学习过程造成障碍。

其次是恢复战略，主要目的是避免考虑项目失败的问题、消除并发压力。不去想项目失败的经过和原因，就不会受到消极情绪的干扰，解决了失败导致的其他次要问题，失败的负面影响就会随之降低。但是恢复战略也存在一定的局限性。抑制情绪不太容易做到，情感的长期压抑还有损身心健康，这股情绪迟早都要爆发出来，而且还有可能在不适当的时候爆发。此外，把项目失败的事情放在一边后，我们的注意力就转移到其他事情上去了，这样不利于我们寻找失败的原因，不利于我们及

时吸取失败的教训。

最后是交替战略，即反思战略和心理恢复战略的组合。交替运用两种战略，可以发挥两种战略各自的优势，最大限度地避免各自的弊端，将失败者的情绪调整到有利于学习的最佳状态。交替战略可以将注意力集中到还原失败经过、分析失败原因上，以便我们切断与项目间的情感联系，降低消极情绪反应的强度，最终彻底消除负面情绪。

当注意力从分析失败原因转移到回想失败情绪时，我们又开始难过，学习过程又开始受到干扰。这时，应该用心理恢复战略取代反思战略，以恢复我们的认知能力，清除头脑中的情绪因素，让信息处理活动重新占据大脑的主要位置，解决次要问题，避免并发压力，最大程度地减小项目失败导致的损失。当认知能力完全恢复，我们就可以抛开所有的情绪因素，再次集中精力进一步分析失败的原因，认真总结失败的教训。当我们弄清失败的原因，从失败中学到知识和经验，并且生活和工作不再受到失败情绪的干扰时，便可停用交替战略，我们应对这次失败的过程就此结束。交替战略可以使我们在失败中得到锻炼和成长，可以保持我们的工作热情，并且可以避免在今后的工作中再犯相同的错误。

在适当的时机终止项目有助于个人成长

项目失败的事实必定会引起消极情绪，当我们意识到项目有可能或注定失败时，我们也会产生消极情绪。如果项目业绩不佳，最终的失败只是时间问题。在项目正式终止之前的这段时间，我们可能会预料到公司领导宣布项目结束时我们会有什么样的情绪反应，因此我们要做好充分的心理准备，以便在面对失败的结果时能够控制好自己的情绪、冷静地总结失败的经验和教训。

终止项目应当选择时机，给应对失败的心理准备活动留出充足的时

> 终止项目应当选择时机。

间。如果只考虑经济利益，那么应该在意识到项目达不到预期收益的第一时间终止该项目。但我们知道，人们不一定都严格遵循这个原则。有些人觉得不按照经济原则及时终止项目属于重大失误，因为沉没成本很高，几乎无法弥补，而且他们觉得拖延终止项目的决定只是因为不愿意向自己和别人承认错误。也有人会推后项目终止的时间，给项目团队成员留一个心理缓冲期，虽然这种做法会带来更大的经济损失，但可以避免员工在精神上遭遇重创，有利于员工在下一个项目中保持活力和创造力。

　　背离经济利益原则的决策不一定都是错误的。用长远的眼光来看，成功应该是若十个项目的成功，而不是单独一个项目的成功，所以个人成长的意义也应该包括情绪的恢复，而不只是经济损失的最小化。发现项目注定失败后立即终止项目运作，可以减小经济损失，适当推迟终止项目的时间，可以减小精神损失。推后的时间如果太短，恐怕没有充足的时间做好接受失败的心理准备，当宣布终止项目时，员工仍会遭受消极情绪的困扰。推后的时间如果太长，员工的精神也会受到煎熬，到宣布项目失败的时候，可能对这个结果已经没有任何反应了，或者已经对分析项目失败的原因没有任何兴趣了。

　　在终止没有希望的项目时，应综合考虑经济损失和精神损失，平衡推迟项目终止时间所产生的经济损失和精神效益，以保证学习效果、维持工作热情。

情绪、社会支持与吸取经验

控制失败情绪与总结失败经验是密不可分的心理活动。

　　控制失败情绪与总结失败经验是密不可分的心理活动。通过运用反思战略、恢复战略和交替战略，我们可以冷静、认真、客观地搜寻并解读与项目失败原因有关的信息，从失败的项目中学习知识和经验。但是人们的这种能力参差不齐，有高有低。有些人情商较高，能够清楚地了解并适当地调整自己的情绪，这种能力可以让他们自如地运用各种情绪控制战略去弄清失败的原因、总结失败的经验，还能看清并帮助别人调整他们的情绪，尤其是别人遭受失败时的情绪反应。

不仅个人能够帮助别人调整情绪，社会组织或团体也能发挥这种功能。有些项目团队有相应的准则或惯例，遇到失败时，项目团队可以作为一个整体帮助各成员控制情绪。情绪控制能力较强的团队能够更加有效地总结失败的经验和教训，能够从失败中得到更多的锻炼。

情商较高的人能够增强团队应付失败情绪的能力，提高个人的综合素质，帮助团队成员在失败中完善自己。情绪控制能力较强的团队还能够提高成员的情商水平，帮助他们在失败中锻炼自己。如果我们能够提高个人的情商水平或团队的情绪管理能力，我们从失败中学习知识和经验的能力也会得到相应的提高。

遭遇失败时应善待自己

上述情绪控制方法都是认知方面的指导思想，这些方法可以帮助我们调整情绪、学习经验。除了认知上的方法以外，情感上的策略也可以强化学习效果。通常，我们都采用认知战略来应对失败，而情感战略的目的是让我们放弃认知战略。有些人认为失败表示自己没有价值，觉得失败会伤害他们的自尊，他们不希望产生这样的后果，所以启动自我保护机制，用向下比或赖别人的思路撇清自己与失败之间的联系，达到维护自尊的目的。但是这种思路和策略会严重阻碍从失败中学习知识和经验的活动。

有些人从不妄自菲薄，不会因为偶尔的失误或错误而否定自己的整体价值，他们懂得同情自己、爱惜自己，知道应当对自己的不足进行彻底的审视和剖析。自我审视的过程可以帮助他们深入调查并分析项目失败的原因。其实，不让自己的

> 不让自己的错误对自我评价产生影响，是不太容易做到的。

错误对自我评价产生影响，是不太容易做到的，这需要宽容的胸襟、乐观的态度以及中庸的立场。自我保护机制在保护自己的同时会妨碍学习过程、影响学习效果，懂得善待自己的人在遇到困难、情绪低落的时候一般不会启动自我保护机制。

懂得善待自己的人都知道，尽管自己的不足或失误导致了项目失败的结果，但是每个人都有缺点，每个人都会犯错，这样想可以帮助我们容忍自己的缺点和不足，减少失败感对自尊的威胁，抑制自我保护机制，清除阻碍学习的障碍。

同样，懂得善待自己的人也不会一味地爱护自己，他们也会从失败中学习知识和经验。失败和自我评价是两回事，认识到这一点，我们就可以以好奇的目光全面审视自己的情绪、认真分析失败的原因。因此，善待自己是一种重要的情感态度，可以帮助我们从失败中学到更多东西。

做好遭遇多次失败的心理准备

工作中，我们会遇到许多任务、许多项目。本书的着眼点不是如何应对单个的失败项目，而是如何在长期中应对各种失败的情况。所以，在应对眼前的失败项目时，应同时考虑如何在今后的项目中取得成功。总结失败经验、吸取失败教训，做到吃一堑、长一智，在今后的工作中保持工作热情，并把从失败中学到的东西应用到今后的工作中，我们成功实施今后项目的可能性就会增加。如果我们连续、多次遭遇失败，可以用以下两种策略应对困难情况。

第一种策略是淡化失败，即降低或消除对失败的敏感度，这样，失败就不再产生消极的情绪反应，也不会干扰学习过程。但是情绪反应会提示项目的重要性，促

使我们寻找项目失败的原因，没有情绪反应，我们就意识不到自己失去了重要的东西，没有弄清失败原因的紧迫感。负面情绪是项目失败的一个结果，消除这种结果，无意中会减少对今后项目的情感投入，情感是投入到项目中的重要资源，对项目的成功至关重要。尽管淡化失败可以避免消极情绪，但不会增加今后项目成功的可能性。

第二种策略是调整失败的情绪，这一原则贯穿本书的始终。如果能够调整好情绪，就无须设法消除失败产生的消极情绪，也不会拒绝在今后的项目中继续投入情感资源。把情绪调整到最佳状态，不仅可以提高从失败中学习知识和经验的效果，还可以保持或增强再试一次的热情。经过多次失败、学习后，处理失败问题的综合能力就会得到提高，对自己会越来越有信心，有了这样的信念，在预感到项目失败的结局时就不会焦虑或恐惧了，而且胆量会越来越大，成功的道路会越走越宽。遭遇项目失败后，参与互助团或纪念失败的仪式或活动可以锻炼自己处理失败问题的能力。

结语：给女儿的建议

第一章"控制情绪、直面失败"中已经提到，这本书的写作灵感源于我的父亲，他亲手创办、辛辛苦苦经营了二十多年的家族企业遭遇了破产。父亲十分难过，消沉了很长时间，不过最终还是恢复了精神，从失败中悟到了很多东西。但这本书不是为我父亲写的，而是为我的下一代写的。有一次，我在全国公共广播里听到了约翰·卡洛尔的故事。他说他孙女第一天上幼儿园时，他固然希望她一切顺利，但他的内心深处，又希望他孙女能遇到一些不顺利的事情或遭遇一点挫折，因为约翰觉得失败就是力量，他的孙女只有经历失败才能拥有力量。他觉得以孙女的个性，遇到不顺心的事情一定会非常难过。他想及时安慰她，同时也想告诉她今后如何避免类似情形的发生。约翰知道，一个五岁的小孩不会懂得失败是件好事的道理，他只想告诉她，不顺心、挫折或失败并不意味着世界末日的来临。

我女儿也要上幼儿园了。写完这本书之后，我打算总结一下，在女儿即将迎来人生新阶段之际，我有哪些东西要传授给她。我希望她一帆风顺、万事如意，这是真心的祝愿。和失败相比，成功会带来更多快乐，但我希望她知道，失败不是与成功截然相反的东西。成功的跨度很大，从幼儿园到大学、从工作到生活。在通向全面成功的道路上会遭遇一些失败，应对失败的关键是吸取教训、保持活力。

> 我希望她知道，失败不是与成功截然相反的东西。

说起来容易做起来难。失败会产生痛苦，有时需要认真反思引致失败的原因，有时需要放松自己的身心、把注意力从失败转移到其他地方，有时需要观察、体会、调整自己的情绪，有时还需要向家人和朋友寻求帮助。

虽然你有缺点，你会犯错，有些事情你做不好，但我还是非常爱护你。我希望你能明白，即使有些事情你做不来，你也不应该觉得自己比别人差。每个人都会遭遇失败，每个人遭遇失败的时候都会难过，全世界的人都一样，无一例外。遇到失败后，一方面，要控制好自己的情绪；另一方面，要分析失败的原因，要根据自己的情绪进行适当的反思。记住，不要让消极情绪压倒自己，也不要若无其事地把所有的情绪抛在脑后，要设法找到最有利于从失败中学习知识和经验的情绪状态。

当你步入下一个更加令人兴奋的人生阶段时，你会遭遇更多的失败，这些失败还会让你难过，所以你要学会如何让难过的阶段快点过去。你可以从失败中慢慢体会，逐渐进步。等你掌握了应对失败局面的能力，你会发现成功的机会越来越多，失败的情况越来越少，然后你就有胆量去探索更加美妙的世界。我希望你能觉得自己很强，至少不比别人差，只要你今后敢于尝试探索这个世界的奥妙，我就心满意足了。

图书在版编目（CIP）数据

从柠檬到柠檬汁/谢泼德著. —北京：中国人民大学出版社，2011.12
ISBN 978-7-300-14997-4

Ⅰ.①从… Ⅱ.①谢… Ⅲ.①成功心理-通俗读物 Ⅳ.①B848.4-49

中国版本图书馆 CIP 数据核字（2011）第 263703 号

从柠檬到柠檬汁

迪安·A·谢泼德　著

何云朝　译
Cong Ningmeng Dao Ningmengzhi

出版发行	中国人民大学出版社	
社　　址	北京中关村大街 31 号	**邮政编码**　100080
电　　话	010 - 62511242（总编室）	010 - 62511398（质管部）
	010 - 82501766（邮购部）	010 - 62514148（门市部）
	010 - 62515195（发行公司）	010 - 62515275（盗版举报）
网　　址	http://www.crup.com.cn	
	http://www.ttrnet.com（人大教研网）	
经　　销	新华书店	
印　　刷	北京东君印刷有限公司	
规　　格	165 mm×240 mm　16 开本	**版　　次**　2012 年 1 月第 1 版
印　　张	11.25 插页 1	**印　　次**　2012 年 1 月第 1 次印刷
字　　数	93 000	**定　　价**　28.00 元

《做正确的事》

人们最关注的是什么？

正如你所知。多数公司关注削减成本、裁员、减薪或者将项目外包，直至降低服务水平，也无怪有这么多的失败公司——与它们相反，西南航空数十年来一直关注做正确的事情，保持利润水平和明晰发展方向。詹姆斯·派克向我们展示了"做正确的事"绝不是天真的自我"感觉良好"，而是取得公司成功的最有利法则。派克的故事虽不能让你立刻醍醐灌顶，但至少会潜移默化地影响你。

天真？不是这样子的。在这本书中，西南航空前CEO告诉我们为何做正确的事情是公司取得成功的头号法则。

詹姆斯·派克告诉我们9·11事件后，西南航空做了三个关键的决策：不裁员、不减薪、按顾客要求无条件退款。结果是西南航空仍然持续盈利，2001年第四季度的顾客周转盈利水平保持稳定，而其他公司几乎崩盘。同时，西南航空的市值超越了所有竞争对手市值的总和。

这些关键的决策来自西南航空的互相尊重与信任的文化，一切都是那么自然。派克利用他个人深邃的洞察力为我们剖析了这种文化，向我们揭示了其他组织或人应该如何使用这些相同的法则，派克告诉你做正确的事真的并不困难！

> 做正确的事
>
> 著
>
> 中国人民大学出版社

《皮克斯总动员——动画帝国全接触》

《玩具总动员》、《海底总动员》、《超人总动员》、《美食总动员》、《汽车总动员》、《机器人总动员》，在这些充满奇思妙想、制作精良、大名鼎鼎的经典动画电影的背后，有一个共同的名字——皮克斯动画工作室。作为当今最成功的动画电影缔造者，其技术和创意有口皆碑。在20年的时间里，这家公司从几个电脑动画的狂热爱好者制作动画电影的梦想工作室，迅速成长为比肩甚至超越迪斯尼的动画巨擘。

本书向我们生动讲述了皮克斯非凡成就背后不为人知、起起伏伏的成长历程，深入展示了这家彻底颠覆电影产业传统观念的公司和创建这家公司的"奇人"们，这些创意天才们从最初的梦想，到真正实现梦想，最终创造了数十亿美元的财富。他们成功的秘诀也正如皮克斯的标志——跳跳灯所象征的那样：孜孜不倦的工作、勇于实践的风格、左右逢源的灵感，以及不墨守成规的个性。翻开本书，您总能有所收获。

> 皮克斯总动员
>
> 著
>
> 中国人民大学出版社

《知你所不知》

知你所不知

著

中国人民大学出版社

迈克尔·罗伯托是美国布莱恩特大学管理学教授，研究领域为战略决策过程和高层管理团队，对于群体灾难和组织失败的原因有深入的研究。在本书中，他通过大量实证和案例告诉企业管理者：怎样超越单纯的"解决问题"，在问题萌芽时就将其发现并消灭，从而防患于未然，带领企业走向成功。

问题为什么常常躲藏在阴暗的角落里而不为人所知？罗伯托从这个问题出发，首先找到问题被隐藏的各式各样的令人吃惊的原因。接着，他提出了解决问题的有效方案。怎样获得关键的第一手资料？面对组织中看似互不相关的事件，怎样识别出深层次的问题？怎样激发一线员工坦率地讲出其所发现的问题？怎样鼓励有益的错误？本书的重点在于"如何"、"怎样"，对这些问题的结论来自于对无数企业大量的访谈、调研。有了这些线索和方法，"知你所不知"不再是少数天才的顿悟和不可言说的诀窍，而是成为了企业避免失败、赢得成功的简单可行的管理方法。

《成功创业的 14 堂营销课》

成功创业的14堂营销课

著

中国人民大学出版社

营销在创业过程中扮演着重要的角色，如果把营销的含义扩展到创意的产生、筛选以及品牌的塑造，那么它就不仅是创业中的一个环节，而且贯穿于创业企业的生命始终。沃顿商学院资深教授洛迪士以及他的两位经验丰富的企业家朋友，为创业者们准备了 14 堂营销课，帮助创业者们提升成功的可能性。这 14 堂营销课从营销战略的制定到创意的开发和筛选，从获取最大利润的定价到保持持续竞争优势的分销，从先声夺人的新产品发布到有效的广告公关，从恰到好处的营销资源配置到一二级市场融资……涵盖了创业企业营销的方方面面，每一课的讲解中还辅以若干真实案例。正如李开复所说，如果丝毫没有经验、凭着拍脑子想出来的点子认为自己可以改变世界，那么失败的概率会是 99.99%。但经过创业方面的学习，掌握一些简单易行的创业营销方法，一定可以增加成功几率。希望这 14 堂精心准备的营销课能够给在创业道路上摸索的朋友提供帮助。